맛있는 혼밥

° 한 사람을 위한 한 끼 식사 °

맛 있 는   혼 밥

블링 픽스트 스타Bling Fixed Star 지음

김경숙 옮김

시그마북스
Sigma Books

맛있는 혼밥

발행일 2018년 9월 3일 초판 1쇄 발행
지은이 블링 픽스트 스타
옮긴이 김경숙
발행인 강학경
발행처 시그마북스
마케팅 정제용, 한이슬
에디터 권경자, 김경림, 장민정, 신미순, 최윤정, 강지은
표지 디자인 최희민
내지 디자인 홍경숙

등록번호 제10-965호
주소 서울특별시 영등포구 양평로 22길 21 선유도코오롱디지털타워 A404호
전자우편 sigmabooks@spress.co.kr
홈페이지 http://www.sigmabooks.co.kr
전화 (02) 2062-5288~9
팩시밀리 (02) 323-4197
ISBN 979-11-89199-27-2 (13590)

一个人的料理小"食"光 by Bling Fixed Star
Copyright ⓒ 2016 by Chemical Industry Press
All rights reserved.
Korean Edition Copyright ⓒ 2018 by Sigma Books
Korean language edition arranged with Chemical Industry Press through EntersKorea CO., LTD., Seoul, Korea.

이 책의 국립중앙도서관 출판예정도서목록(CIP)은 서지정보유통지원시스템 홈페이지(http://seoji.nl.go.kr)와
국가자료공동목록시스템(http://www.nl.go.kr/kolisnet)에서 이용하실 수 있습니다.
(CIP제어번호: CIP2018025107)

* 시그마북스는 (주)시그마프레스의 자매회사로 일반 단행본 전문 출판사입니다.

PREFACE

초보자도 혼자 만들 수 있는 최고의 미식

바쁜 생활 속에서 당신은 외식이나 패스트푸드로 끼니를 때우고 있지는 않은가? 매일 짬을 내어 자신을 위한 요리를 만들다 보면 흥미로운 음식이 정말 다양하다는 사실을 발견하게 될 것이다. 결정 장애를 가진 요리 초보자, 많이 사버린 식재료를 어떻게 보관해야 할지 고민하는 사람, 생고기를 어떻게 처리해야 할지 몰라 곤란한 사람은 이 책을 보자. 혼자 만드는 요리의 즐거움을 느낄 수 있도록 당신을 인도할 것이다.

당신을 위해 심혈을 기울여 엄선한 각국의 대표 미식

거의 80여 종류에 달하는 이국적 특색이 충만한 여러 나라의 미식 요리법이 당신의 요리 기술을 단번에 성장시켜줄 것이다. 중식을 좋아하는 사람, 양식을 좋아하는 사람, 농후한 치즈의 향을 좋아하는 사람, 향기롭고 담백한 청주를 좋아하는 사람 등이 있듯이 이 책을 통해 자신이 좋아하는 맛을 찾아보자. 다양한 요리법 외에도 식욕을 돋우는 식품을 추천하여 혀끝으로 이국적 정취를 느낄 수 있는 완벽한 식사를 만들도록 돕는다.

맛과 동시에 절대 잊어서는 안 될 영양가와 건강

자신이 좋아하는 요리에 관심을 가지기도 전에 무의식적으로 음식을 통해 얻을 수 있는 영양가와 건강을 홀시하고 있지는 않은가? 만약 당신이 건강에 관심 있는 싱글이라면 맛있는 음식의 자연적 치유 능력을 절대 놓쳐서는 안 된다. 손수 요리를 만들어보면 분명 음식에 숨겨진 심층적인 매력을 발굴할 수 있을 것이다. 또한 직접 음식을 만들며 요리를 사랑하게 된다면 더욱 건강하고 멋진 생활을 향유할 수 있을 것이다.

차례

혼	자		만	들	어		먹	는
요	리	의		첫	걸	음		

혼자 즐기는
일상의 요리

혼자 즐기는
우아한 서양 요리

혼자 즐기는 중식의 맛

혼자 즐기는 이국적 풍미

혼자 즐기는 든든한 건강식

혼자 즐기는
저칼로리 다이어트식

혼자 만들어 먹는 요리의 첫걸음

영양가 없는 즉석식품과는 작별을 고하고 오늘부터 혼자 즐길 수 있는 요리를 시작해보자! 어떻게 하면 신선한 재료를 고를 수 있을까? 어떻게 하면 다양한 형태의 채소를 깨끗하게 씻을 수 있을까? 고기는 어떻게 밑간을 해야 할까? 여기에 당신을 위한 가장 완벽한 답이 담겨 있다.

식재료는 신선할수록 영양 손실이 적고 건강에도 좋다. 그러므로 마트에 쌓여 있는 식재료 중에서 가장 신선한 식재료를 고르는 방법을 배우는 것은 요리 입문의 기초라 할 수 있다.

4대 식재료를 선택할 때 지켜야 할 원칙

과일류

무게를 비교한다

과일의 신선도는 수분 함량에서 드러난다. 같은 크기의 과일이라면 양손에 들고 손대중해보자. 무거운 쪽이 수분 함량이 높고 조직도 단단하므로 신선하다.

소리를 들어본다

과일을 고를 때는 소리를 들어보고 신선도를 판단할 수도 있다. 과일을 귀 가까이 대고 손으로 두드려보자. 사과는 경쾌한 소리, 수박은 묵직한 소리, 파인애플은 단단한 육질이 느껴지는 둔탁한 소리가 나는 것이 좋고, 멜론과 참외는 아무 소리도 나지 않는 것이 좋다.

형태를 살핀다

과일은 색이 선명하고 표면이 부드러운 것이 가장 좋다. 박과 열매는 꼭지가 붙어 있고 단면이 검게 변하지 않은 것이 좋고, 털이 있는 과일은 털이 긴 편이 좋으며, 무늬가 있는 과일은 무늬가 선명하고 고른 것이 좋다.

채소류

제철 채소를 고른다

채소는 종류에 따라 수확 시기가 다르기 때문에 제철 채소를 선택하는 편이 신선한 채소를 고르는 가장 쉬운 방법이다. 비교적 신선도가 좋을 뿐 아니라 영양가도 높고 가격이 저렴하다.

표기 사항을 확인한다

요즘은 채소에 다양한 인증을 받아서 유기농 표시 등의 정보를 붙인다. 채소를 고를 때는 꼼꼼히 비교해보고 무공해 친환경 채소인지 아닌지 확실히 해두는 것이 좋다.

형태를 살핀다

채소를 고를 때는 단단하고 싱싱하며 색이 비교적 짙고 외형이 완전한 것을 고르도록 한다. 설령 벌레가 먹은 흔적이 있더라도 무방하다. 또한 중량감 있는 채소를 고르는 것이 좋다.

육류

검증된 제품인지 확인한다

냉장 설비가 구비된 청결한 정육점을 선택해야 한다. 또한 친환경 축산물 표시 등 정부 기구의 인증을 받은 녹색 식품, 유기농 식품이 비교적 안전하다.

표면을 확인한다

신선한 육류는 외형이 완전하고 표면에 광택이 있다. 직접 만저보면 탄력 있고 약간 축축하지만 점성이 느껴지지는 않는다. 돼지고기, 소고기, 닭고기는 색깔이 어둡고 짙으며 표면에 점액질이 있거나 독특한 냄새가 날 경우 신선하지 않은 고기이므로 절대 골라서는 안 된다.

형태를 살핀다

육류는 원래의 형태를 유지하고 있는 것을 고르는 편이 좋다. 고기소, 고기 완자, 육포, 어묵, 연육 등 갈거나 가공하여 원래의 형태를 알 수 없는 제품은 가능한 고르지 않는 것이 좋다. 식재료는 가공 과정을 많이 거칠수록 향료, 육분, 색소, 표백제, 방부제 등이 첨가되었을 가능성이 높기 때문이다.

어패류

수질을 살핀다

해산물이 들어 있는 수조의 수질에 주의한다. 수조의 물이 녹색이나 청록색을 띤다면 말라카이트 그린 등 염료를 첨가했을 가능성이 있다. 염료를 첨가하는 목적은 타박상을 입거나 죽어가는 생선이 싱싱하게 살아 있는 것처럼 가장하기 위해서다.

신선도를 살핀다

새우, 생선, 게 등은 살아 있는 것을 고르는 편이 가장 좋다. 조개는 껍데기가 닫혀 있는지 살펴본다. 만약 껍데기가 굳게 닫혀 있어 벌리기 힘들다면 구입해서는 안 된다.

냉동 상태를 확인한다

만약 냉동된 해산물을 구입한다면 급속 냉동한 제품을 고르는 것이 좋다. 포획 후 즉시 얼음으로 급속 냉동해 신선도를 유지시킨 생선은 대부분 눈이 맑고 깨끗하며 육질이 단단하다. 또한 세균이 더 이상 번식하지 않는다. 영하 20도 이하의 저온에서 냉동한 제품은 해동 후에도 살아 있는 제품과 같은 신선도와 맛을 유지한다.

식재료를 너무 많이 사버렸다면? 식품 보존 기간을 늘리는 법

마트나 시장에서 식재료를 이것저것 너무 많이 구입한 경우 이를 저장해놓고 먹어야 하지만 식재료가 신선도를 유지하는 기간은 매우 짧다. 그렇다면 어떻게 식재료의 신선도와 영양가를 유지하면서 오래 보관할 수 있을까?

🍚 냉장고, 이렇게 사용하면 신선도를 오래 유지할 수 있다

1 온도를 조절한다

냉장고에 식재료를 저장하기 위한 가장 적합한 온도는 약 5도이다. 혹은 좀 더 낮아도 괜찮다. 이 온도에서는 식재료가 얼지 않으면서 세균의 번식을 억제할 수 있다.

2 식재료를 합리적으로 분류한다

구입한 채소와 과일, 육류 등은 아무렇게나 섞어두지 않고 분류해서 냉장고에 보관한다. 이렇게 하면 식재료의 신선도를 더 오래 유지할 수 있다.

3 냉장고 문의 과학

냉장고 문은 자주 열고 닫으므로 유통기한이 비교적 짧은 편인 우유 등의 액체는 냉장고 문에 넣지 않도록 한다. 온도의 기복이 심하면 식품의 보존 기간이 단축된다.

4 냉장고 속 공간을 유지한다

채소나 과일은 다양한 종류를 섭취하는 편이 좋으므로 매번 사용할 양을 합리적으로 배분하여 보관해야 한다. 냉장고 속에 너무 많은 식재료를 보관하면 공기의 흐름이 막혀 식재료가 빨리 부패할 수 있으니 최소한의 공간을 확보한다.

5 식재료를 가능한 원래의 형태로 보관한다

요리를 할 때 필요한 분량을 정확히 계산해 손질한 재료를 다시 냉장고에 보관하지 않도록 주의한다. 식재료는 될 수 있는 한 완전한 상태를 유지하고 냉장고 서랍을 합리적으로 배분해야 더욱 오랫동안 신선하게 보관할 수 있다.

🍒 채소와 과일을 오래 보존하는 법을 알아보자

아스파라거스

여분의 아스파라거스는 시든 줄기와 뿌리를 잘라낸 후 밑동을 물에 약간 적셔 비닐봉지에 넣어 냉장 보관한다. 일주일 정도 보관해도 매우 신선하고 아삭한 식감을 유지하므로 마치 새로 사온 채소 같은 맛을 느낄 수 있다.

고수

고수를 보관하는 가장 좋은 방법은 생화를 보관할 때처럼 비닐봉지에 넣어 고무줄로 묶은 후 냉장 보관하는 것이다. 혹은 은박지로 싸서 냉장고에 넣어도 된다. 이렇게 하면 4주 정도 신선도를 유지할 수 있다.

감자

감자는 냉장 보관할 필요 없이 건조하고 바람이 잘 통하는 서늘한 곳에 보관한다. 감자를 놓아둔 곳에 사과를 함께 두면 감자에 쉽게 싹이 나지 않는다.

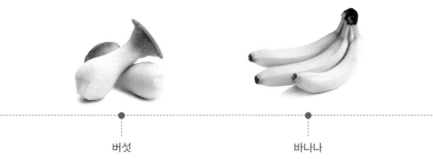

버섯

많은 사람들이 버섯을 비닐봉지째 혹은 지퍼백에 넣어 냉장고에 보관하는데. 이는 절대 피해야 할 방법이다. 비닐봉지나 지퍼백은 수분의 증발을 막기 때문에 버섯에 곰팡이가 번식하기 쉽다. 버섯을 보관하는 가장 좋은 방법은 종이봉투에 넣은 후 냉장고나 건조하고 바람이 잘 통하는 서늘한 곳에 보관하는 것이다.

바나나

바나나는 열대 과일에 속하므로 냉장고에 보관하지 않는 것이 가장 좋다. 랩으로 바나나의 꼭지 부분을 감싸 그늘지고 바람이 잘 통하는 서늘한 곳에 놓아두면 3~5일 보관할 수 있다. 또 바나나는 에틸렌을 대량으로 방출해 숙성을 촉진하므로 단독으로 보관할 것을 추천한다.

특이한 형태의 채소와 과일을 깨끗이 씻는 법

맛있는 요리를 만들기 위해서는 반드시 재료를 깨끗이 씻어야 한다. 그래야만 과일과 채소에 남아 있는 이물질이 요리의 식감에 영향을 주지 않는다. 형태가 특이한 과일과 채소를 깨끗이 씻는 방법은 사실 매우 간단하다.

🍇 채소와 과일을 깨끗하게 씻는 법을 알아보자

브로콜리

1 브로콜리를 작은 크기로 균등하게 썬 후 깨끗한 물이 담긴 그릇에 넣는다.
2 물에 소금 1~2큰술을 넣은 후 브로콜리를 5~10분 담가둔다.
3 손으로 그릇을 가볍게 흔들어 브로콜리 속의 이물질이 빠져나오게 한다.
4 브로콜리를 건져내 물로 깨끗이 씻는다.

콜리플라워

1 물 한 사발에 소금 1큰술을 넣어 잘 섞는다.
2 콜리플라워를 균등한 크기로 자른 후 소금물에 넣는다.
3 10분 정도 담가두면 콜리플라워에 남아 있는 농약이 제거된다.
4 콜리플라워를 건져내 물로 깨끗이 씻는다.

버섯

1 흙이 묻은 버섯 자루의 밑동을 잘라낸다.
2 물 한 사발에 소금 2큰술을 넣어 잘 섞는다.
3 소금물에 버섯을 담그고 일정한 방향으로 저은 후 건져내 물로 깨끗이 씻는다.
4 쌀뜨물에 버섯을 10분 정도 담가두어도 동일한 효과를 얻을 수 있다.

파프리카

1. 파프리카 꼭지를 떼어낸다.
2. 물로 표면을 깨끗이 씻되 꼭지 부분을 중점적으로 씻는다. 일반적으로 농약이나 기타 잔류물은 꼭지의 움푹 파인 부분에 남아 있기 쉽다.
3. 파프리카를 반으로 썬 후 씨를 제거한다.
4. 다시 물로 깨끗이 씻는다.

포도

1. 깨끗한 그릇에 포도 한 송이를 통째로 담은 후 적당량의 물을 붓는다.
2. 물에 밀가루 혹은 전분 2큰술을 넣고 그릇을 가볍게 흔들어준다.
3. 물이 혼탁해지면 물은 버리고 포도를 건져낸다.
4. 포도송이를 흐르는 물로 씻어 남아 있는 밀가루나 전분을 깨끗이 닦아낸다.

딸기

1. 씻기 전에 꼭지를 떼지 않도록 한다. 이는 농약이나 오염물이 과실에 침투하는 것을 방지하기 위해서다.
2. 물로 몇 분간 헹궈 표면에 묻은 오염물질을 제거한다.
3. 쌀뜨물에 3분 정도 담가 잔류 농약을 제거하고, 다시 옅은 소금물에 3분간 담가 표면에 붙은 세균을 제거한다.
4. 물로 딸기 표면을 헹군다.

파인애플

1. 칼로 껍질을 벗겨내고 표면에 남아 있는 검은 부분을 파낸 후 조각으로 자른다.
2. 그릇에 물을 받아 소금 2큰술을 넣고 섞은 후 파인애플 조각을 20~30분 담가둔다.
3. 파인애플을 건진 후 다시 깨끗한 물로 씻어 소금기를 제거한다.
4. 끓는 물에 살짝 데치면 파인애플 효소를 제거할 수 있고 식감이 더 좋아진다.

소귀나무열매(레드베이베리)

1. 깨끗한 물로 소귀나무열매 표면의 이물질을 씻어낸다.
2. 그릇에 적당량의 밀가루를 넣고 물을 붓는다.
3. 소귀나무열매를 넣고 두 손으로 그릇을 받쳐 든 후 1분 정도 흔들어주고, 다시 깨끗한 물로 밀가루를 씻어낸다.
4. 찬물에 잠깐 담가둔다.

각종 육류에 어울리는
특별한 밑간 비법

당일 구입한 신선한 식재료라도 조리하기 전에 적절히 밑간을 해두면 육질이 더욱 좋아지고 노린내가 제거된다. 또한 더욱 맛있고 영양가 있는 요리를 즐길 수 있다.

🍲 육류에 어울리는 밑간은 따로 있다

육질을 연하게 하는 소고기 밑간

（재료） 소고기, 맛술, 간장, 굴소스, 물, 소금, 달걀, 전분

（방법）
1 소고기를 깨끗이 씻고 얇게 썬 후 그릇에 담는다.
2 맛술 2큰술을 넣어 노린내를 없애고 간장 3큰술을 넣어 조미한 후 굴소스 1큰술을 넣어 신선한 맛을 살린다.
3 작은 그릇 하나 분량의 물을 부으면 소고기가 더욱 신선하고 연해진다. 여기에 소금을 약간 넣는다.
4 달걀 1개와 전분 적당량을 넣은 후 골고루 버무려 모든 재료를 충분히 섞는다.
5 잘 버무린 소고기를 서늘한 곳에서 2시간 정도 재운다.

（Tip） 신선한 소고기는 표면이 약간 건조하거나 얇은 막이 있으며 끈적이지 않고 탄력 있다. 반면 변질된 소고기는 표면이 끈적이거나 극도로 건조하다. 또한 새로 자른 단면에도 끈적임이 있고, 손으로 눌러보면 탄력이 없어 자국이 선명하게 남는다.

육질을 쫄깃하게 하는 닭고기 밑간

（재료） 닭고기, 맛술, 소금, 후추, 파, 생강, 마늘, 참기름, 식초, 연간장, 진간장

（방법）
1 닭을 깨끗이 씻고 조각으로 자른 후 그릇에 담는다.
2 맛술, 소금, 후추 약간씩을 넣고 손으로 잘 버무린다.
3 파, 생강, 마늘을 깨끗이 씻어 다진 후 닭고기에 넣는다.

4 참기름, 식초, 연간장, 진간장을 넣은 후 잘 섞는다.
5 그릇을 랩으로 씌운 후 2시간 동안 재운다.

(Tip) 신선한 닭고기는 껍질에 윤기가 있고 신선한 닭고기 특유의 냄새가 난다. 또한 표면이 약간 건조하고 끈적이지 않으며 손가락으로 눌러보면 즉시 원상태로 돌아온다.

육질을 부드럽게 하는 돼지고기 밑간

(재료) 돼지고기, 맛술, 소금, 갈분, 간장

(방법) 1 돼지고기를 깨끗이 씻고 필요한 크기로 자른 후 그릇에 담는다.
2 맛술과 소금 약간씩을 넣고 골고루 버무린다.
3 갈분 적당량을 넣고 물기를 뺀다.
4 간장 적당량을 넣고 잘 버무려 간을 하고 색을 입힌다.
5 잘 버무린 돼지고기를 그늘지고 서늘한 곳에서 1시간 정도 재운다.

(Tip) 돼지고기는 육질이 비교적 가늘고 힘줄이 적으므로 가로썰기를 하면 익은 후 부서지기 쉽다. 그러나 어슷썰기를 하면 부스러지지도 않고 먹을 때 치아에 끼지도 않는다. 또한 돼지고기는 장시간 물에 담그지 않는 것이 좋다.

노린내를 없애는 양고기 밑간

(재료) 양고기, 맛술, 베이킹파우더, 소금, 설탕, 물, 달걀, 전분

(방법) 1 양고기를 깨끗이 씻고 얇게 썰어 그릇에 담는다.
   달걀은 흰자와 노른자를 분리한다.
2 맛술, 베이킹파우더, 소금, 설탕 적당량과
   물을 넣고 골고루 버무린다.

3 양고기에 간이 충분히 배면 달걀흰자와 전분을 넣는다.
4 골고루 버무려 모든 재료를 충분히 섞는다.
5 잘 버무린 양고기를 그늘지고 서늘한 곳에서 2시간 정도 재운다.

(Tip) 양고기는 점성이 있고 털이 곱슬곱슬하다. 또한 육질의 섬유와 갈비뼈가 짧고 가늘다. 반면 염소고기는 특유의 냄새가 있고 점성이 없으며 털이 곧고 뻣뻣하다. 또한 육질의 섬유가 성기고 길며, 갈비뼈가 굵고 길다. 염소고기는 푹 삶는 요리나 꼬치구이에 적합하다.

혼자 즐기는
일상의 요리

매일 혼자 먹는 평범한 요리도 전통적인 조리법을 벗어나
자신만의 신선한 창의력을 더하면 특별한 요리로 변신한
다. 냉장고 속에 있는 상비 재료로 복잡하거나 어렵지 않
지만 창의력과 즐거움을 느낄 수 있는 일상의 요리를 만
들어보자.

기름에 지져 먹는
부추 군만두

부추 군만두는 일반적인 만두보다 조금 크게 빚어 프라이팬에 기름을 두르고 지져낸다. 뜨거울 때 한입 베어 물면 신선한 향기와 형용하기 힘든 부드럽고 개운한 맛이 전해진다. 또한 기름지지 않고 식감이 매우 뛰어나다.

박력분 100g, 부추 1줌, 달걀 2개, 소금 약간, 식용유 약간, 물 적당량

방법

① 박력분에 약 80도의 뜨거운 물을 넣어 익반죽한다.

② 반죽이 반들반들해지면 랩을 덮어 20분간 숙성시킨다.

③ 부추를 골라내 깨끗이 씻은 후 잘게 썬다.

④ 달걀을 풀고 부추와 소금을 넣은 후 잘 섞는다.

⑤ 프라이팬에 식용유를 두르고 달걀을 섞은 부추를 부친 후 그릇에 담는다.

⑥ 숙성된 반죽을 작고 동그란 덩어리로 만들어 방망이로 얇게 민 후 ⑤를 넣어 만두를 빚는다.

⑦ 만두의 가장자리를 말끔히 빚어 벌어지는 것을 막는다.

⑧ 프라이팬에 식용유를 두르고 약한 불로 양면이 노릇노릇해질 때까지 굽는다.

TIP

• 만두를 구울 때 뒤집개로 누르면 만두에 열이 더 골고루 전달된다.

• 만두피가 너무 두꺼우면 식감에 영향을 주고 잘 익지 않으므로 얇게 만든다.

• 부추는 미리 깨끗이 씻어 수분을 말려둬야 만두소를 만들 때 물이 나오지 않는다.

파기름으로 맛을 낸
비빔국수

파기름으로 맛을 낸 비빔국수는 맛좋은 명물 요리로, 익힌 국수에 파기름을 넣어 함께 섞어 먹는다. 글루텐의 질감과 독특한 맛을 간단히 즐길 수 있다.

재료 쪽파 1줌, 간장 2큰술, 설탕 2큰술, 식용유 약간, 말린 새우 5g, 국수 1인분

방법
❶ 쪽파는 깨끗이 씻어 3센티미터 정도의 길이로 자른다.
❷ 프라이팬을 달궈 식용유를 두른 후 약한 불에서 쪽파를 볶는다.
❸ 쪽파가 옅은 갈색이 될 때까지 볶은 후 간장을 넣고 더 볶는다.
❹ 설탕을 넣어 골고루 저어가며 함께 볶는다.
❺ 다른 프라이팬에 식용유를 두른 후 말린 새우를 넣고 노릇노릇해질 때까지 살짝 튀긴다.
❻ 끓는 물에 국수를 넣고 삶은 후 물기를 제거한다.
❼ 그릇에 국수를 담고 파기름과 살짝 튀긴 새우를 얹는다.

TIP
• 쪽파는 말라버리기 쉬우므로 반드시 약한 불에서 천천히 볶아야 한다.
• 국수를 비빌 때 기름을 많이 넣으면 식감이 더욱 좋아지고 향미가 증진된다.
• 말린 새우는 물에 20분간 담갔다가 깨끗이 씻어 사용한다.

시원한 맛이 일품인
만두 김칫국

어린이나 노인도 즐길 수 있는 만두를 넣은 김칫국은 저녁 식사로도 좋고 잠깐 요기하기에도 매우 탁월하다.

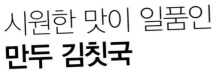

재료 다진 돼지고기 300g, 만두피 적당량, 배춧잎 2장, 잘게 썬 고추 2개, 잘게 썬 표고버섯 1개, 채 썬 표고버섯 1개, 잘게 썬 파 약간, 고추장 2큰술, 된장 1큰술, 전분 약간, 간장 약간, 소금 약간, 물 적당량

방법
① 다진 돼지고기에 잘게 썬 표고버섯과 파를 넣고 간장, 전분, 소금과 함께 골고루 섞어 만두소를 만든다.
② 만두피에 잘 섞은 만두소를 적당량 넣는다.
③ 만두피 가장자리에 물을 약간 묻힌 후 중심을 향해 H형으로 오므린다.
④ 만두피의 양 끝을 안쪽으로 접는다.
⑤ 끓는 물에 만두를 넣고 떠오를 때까지 잘 익힌다.
⑥ 잘 익은 만두를 건져내 물기를 빼고 그릇에 담는다.
⑦ 냄비에 물을 넣고 채 썬 표고버섯, 적당히 자른 배춧잎, 잘게 썬 고추, 고추장과 된장을 넣고 끓인다.
⑧ 배추와 표고버섯이 다 익으면 만두를 넣는다.

T I P
• 만두가 물 위로 떠오르면 다 익은 것이다.
• 만두는 만두소만 빠져나오지 않으면 자기 방식대로 빚어도 좋다.
• 배추, 표고버섯, 고추는 미리 고추장과 된장에 잘 버무려두면 끓일 때 더욱 깊은 맛을 낸다.

부추를 넣은
옥수수전

부추는 식이섬유를 풍부하게 함유하고 있어 위장의 연동 운동을 증진시키므로 장암을 예방하는
효과가 있다. 또한 베타카로틴과 유황화합물을 함유하고 있어 혈중 지방을 낮추는 작용을 한다.

재료 부추 80g, 옥수수 알갱이 180g, 밀가루 100g, 옥수숫가루 100g, 달걀 2개, 소금 적당량, 식용유 적당량, 물 적당량

 방법
1 부추는 깨끗이 씻어 잘게 썬다.
2 옥수수 알갱이는 깨끗이 씻어 잘게 다진다.
3 그릇에 밀가루와 옥수숫가루를 담는다.
4 달걀 2개를 넣어 골고루 섞는다.
5 부추와 옥수수를 넣고 소금 1작은술을 넣는다.
6 물을 넣어 걸쭉한 반죽이 될 때까지 섞는다.
7 프라이팬에 식용유를 두르고 반죽을 올린다.
8 약한 불에서 표면이 노릇노릇해질 때까지 뒤집어가며 3분간 부친다.

 TIP
• 밀가루와 옥수숫가루의 비율은 기호에 따라 조절한다. 밀가루가 많으면 식감이 부드럽고 옥수숫가루가 많으면 바삭바삭하다.
• 옥수숫가루는 소화 흡수를 돕는다.
• 부추를 자를 때는 가지런히 정리한 후 흐트러지지 않도록 한쪽을 손으로 잡아 잘게 썬다.

한입에 쏙 먹기 좋은
김밥

김밥은 몸에 충분한 에너지를 제공할 뿐 아니라 휴대하기도 간편해 외출 시 배고플 때 먹으면 체력과 에너지를 보충하기 좋은 음식이다.

방법
① 오이는 길게 썰어 속을 파내고 햄도 길게 썬다.
② 당근은 길게 썰어 끓는 물에 5분간 데친 후 꺼내 말린다.
③ 달걀을 풀어 소금을 넣은 후 프라이팬에 부쳐 길쭉하게 썬다.
④ 밥에 식초, 설탕, 소금을 넣고 골고루 섞는다.
⑤ 김밥 마는 발 위에 김을 올린다.
⑥ 밥이 약간 식으면 김 위에 올려 골고루 편다. 한쪽 끝에 공간을 조금 남겨두고 밥을 꾹꾹 누른다.
⑦ 한쪽에 햄을 놓고 오이, 당근, 달걀도 차례대로 놓는다.
⑧ 김의 한쪽 끝부터 가볍게 누르며 말아준다. 칼에 물을 묻혀 적당한 크기로 썬다.

TIP
· 너무 뜨거운 밥을 김 위에 올리면 증기 때문에 김이 눅눅해져 식감에 영향을 준다.
· 밥을 펼 때 비닐장갑을 끼면 밥알이 손에 들러붙지 않는다.
· 김은 끝을 조금 남겨둬야 김밥을 말 때 쉽고 단단하게 말린다.

참깨소스를 곁들인
메밀국수

복잡한 음식을 만들고 싶지 않은 날, 가장 간단하게 만들 수 있는 메밀국수 한 그릇이면 건강하고 만족스러운 식사를 맛있게 즐길 수 있다.

재료 메밀국수 1인분, 오이 반 개, 당근 반 개, 삶은 달걀 1개, 참깨소스 적당량, 참깨 약간, 김 약간

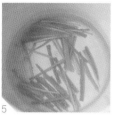
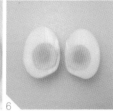

 방법

❶ 끓는 물에 메밀국수를 넣고 삶는다.

❷ 메밀국수를 건져낸 후 얼음물에 넣어 한 번 헹군다.

❸ 물기를 완전히 빼고 그릇에 적당한 형태로 담는다.

❹ 오이와 당근을 깨끗이 씻은 후 채 썬다.

❺ 채 썬 당근을 끓는 물에 넣어 익힌 후 물기를 뺀다.

❻ 삶은 달걀은 껍질을 벗겨 반으로 자른다.

❼ 메밀국수 위에 채 썬 오이와 당근, 반으로 자른 달걀을 올린다.

❽ 김을 부숴 참깨와 함께 뿌리고 참깨소스에 찍어 먹는다.

TIP

• 메밀국수는 얼음물에 담가두면 더욱 쫄깃쫄깃해진다.

• 당근은 데쳐서 먹는 편이, 오이는 생으로 먹는 편이 더 식감이 좋다.

• 참깨소스는 시중에 판매되고 있는 다양한 제품 가운데 취향에 맞게 골라 사용하고, 기호에 따라 땅콩버터를 첨가한다.

한국인의 소울 푸드
된장찌개

된장찌개는 한국인의 일상에서 결코 빼놓을 수 없는 전통 요리로 영양이 풍부하고 감칠맛이 나며 간단한 재료로 쉽게 만들 수 있어 많은 사람의 사랑을 받고 있다.

재료 감자 1개, 호박 반 개, 양파 반 개, 고추 2개, 두부 1모, 팽이버섯 1다발, 소고기 100g, 대합 10개, 마늘 2쪽, 고추장 1큰술, 된장 2큰술, 쌀 약간, 물 적당량

방법

❶ 감자와 호박은 얇게 썰고 양파는 채 썰고 고추는 적당한 크기로 썬다.

❷ 두부는 작은 크기로 썰고 팽이버섯은 밑동을 자르고 소고기와 마늘은 얇게 썬다.

❸ 냄비에 마늘, 소고기, 양파를 넣고 함께 볶는다.

❹ 다른 냄비에 쌀을 두 번 씻은 쌀뜨물을 붓는다.

❺ 쌀뜨물에 된장 2큰술과 고추장 1큰술을 넣고 푼다.

❻ 센 불에서 끓인 후 중간 불로 줄인다.

❼ 감자, 호박, 두부, 팽이버섯을 넣고 함께 끓인다.

❽ 깨끗이 씻은 대합과 고추를 넣고 대합이 입을 벌릴 때까지 끓인 후 ❸을 넣고 더 끓인다.

TIP

• 쌀뜨물을 사용하면 영양가 있고 국물도 진해진다.

• 조개를 해감할 때 조개를 담근 물에 기름 몇 방울을 떨어뜨리면 조개가 더 쉽게 모래를 토해낸다.

• 양파의 자극적인 물질은 수용성이므로 양파를 썰기 전에 칼을 물에 담갔다 사용하면 눈이 덜 자극적이다.

누구나 만들기 쉬운
김치와 김치제육볶음

김치는 한국인의 밥상에서 가장 특색 있는 음식일 뿐 아니라 전통 음식을 대표하고 문화의 계승을 의미하는 음식이다. 김치를 사용해 만드는 김치제육볶음은 볶는 동안 김치 국물이 고기에 스며들어 느끼한 맛이 덜하다. 또한 삼겹살의 기름은 김치에 깊은 풍미를 더한다.

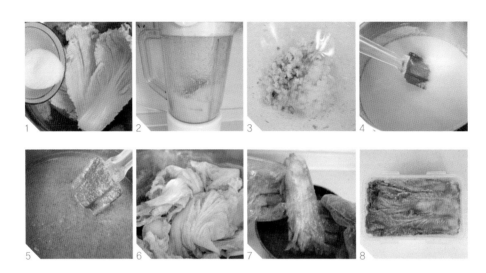

 방법

❶ 배추는 깨끗이 씻어 물기를 말리고 소금을 켜켜이 뿌린 후 수분이 배출되어 배춧잎이 부드러워질 때까지 절인다.

❷ 사과와 배는 껍질을 벗겨 믹서에 간다.

❸ 생강과 마늘은 곱게 빻는다.

❹ 냄비에 찹쌀가루를 넣고 사과즙과 배즙을 골고루 섞은 후 중간 불에서 끓인다.

❺ 식힌 찹쌀풀에 고춧가루, 생강, 마늘을 넣고 골고루 저어 양념을 만든다.

❻ 절인 배추의 물기를 짠다.

❼ 비닐장갑을 끼고 배추에 양념을 골고루 바른다.

❽ 양념을 바른 배추를 밀폐용기에 넣어 2~5일간 발효시킨다.

T I P

• 완성된 김치는 유분이나 수분이 없고 밀폐성이 뛰어난 용기에 보관해야 한다.

• 찹쌀가루는 밀가루로 대체할 수 있다.

• 배추에 양념을 바를 때는 반드시 비닐장갑을 껴야 위생적으로도 안전하고 피부 자극을 방지할 수도 있다.

삼겹살 100g, 배추김치 적당량, 생강 5조각, 쪽파 2뿌리, 참깨 약간, 식용유 약간

방법

❶ 삼겹살을 적당한 크기로 자른다.

❷ 김치를 적당한 크기로 썬다.

❸ 생강은 깨끗이 씻어 얇게 썬다.

❹ 냄비에 식용유를 두르고 생강을 넣어 노릇노릇해질 때까지 볶는다.

❺ 볶은 생강에 삼겹살을 넣는다.

❻ 삼겹살이 노릇노릇해질 때까지 센 불에서 볶는다.

❼ 볶은 삼겹살에 김치와 쪽파를 넣는다.

❽ 잘 섞어가며 볶은 후 참깨를 뿌린다.

TIP

• 김치를 너무 많이 넣으면 고기에 신맛이 날 수 있으므로 적당히 넣는다.

• 삼겹살은 노릇노릇하게 살짝 탄 면이 생길 때까지 볶아야 쫄깃하고 맛있다.

• 삼겹살과 김치를 볶을 때 김치 국물 적당량을 넣으면 따로 물을 넣지 않아도 된다.

돈가스를 곁들인
카레덮밥

남녀노소 누구나 좋아하는 돈가스는 겉이 바삭하고 속은 부드러워 전혀 느끼하지 않다. 여기에
향기로운 카레가 어우러지면 더욱 깊은 맛이 난다.

돈가스용 돼지고기 1장, 달걀 1개, 빵가루 80g, 전분 80g, 식용유 적당량, 소금 약간, 간장 약간, 감자 1개, 당근 1개, 표고버섯 2개, 청대콩 적당량, 카레 2조각, 물 적당량

방법

① 돼지고기는 칼등으로 가볍게 두드려 소금과 간장을 뿌린 후 2시간 동안 재운다.

② 밑간을 한 돼지고기에 전분을 골고루 묻힌다.

③ 그릇에 달걀을 푼 후 전분을 묻힌 돼지고기를 넣어 달걀이 잘 배어들게 한다.

④ 달걀을 묻힌 돼지고기에 빵가루를 골고루 묻힌다.

⑤ 190도 기름에 돼지고기가 노릇노릇해질 때까지 튀긴다. 돼지고기가 기름 위로 떠오르면 건져내 기름기를 뺀다.

⑥ 감자, 당근, 표고버섯을 적당한 크기로 썰어 청대콩과 함께 익을 때까지 볶은 후 카레와 물을 붓고 끓인다.

⑦ 돈가스를 길쭉한 모양으로 썬다.

⑧ 접시에 밥을 담고 돈가스를 올린 후 카레를 붓는다.

TIP

· 돼지고기가 기름 위로 떠오르면 익은 것이다.

· 돼지고기는 근막이 없는 부위나 등심을 선택하는 것이 가장 좋다.

· 카레를 끓일 때 불이 너무 세면 카레가 눌어붙기 때문에 불 조절에 주의해야 한다.

매콤달콤한 떡볶이는 한국의 길거리 음식을 대표하지만 맛도 좋고 영양도 풍부하다고 높이 평가 받는 일품 요리이기도 하다.

재료 양배추 5장, 양파 반 개, 당근 반 개, 떡 적당량, 쪽파 2뿌리, 고추장 1큰술, 토마토케첩 반 큰술, 벌꿀 약간, 참깨 약간, 물 적당량

방법

① 양배추, 양파, 당근을 깨끗이 씻어 채 썰고 쪽파는 일정한 간격으로 자른다.

② 고추장에 케첩과 벌꿀을 넣고 골고루 섞은 후 냄비에 물과 함께 넣고 끓인다.

③ 냄비에 떡을 넣는다.

④ 떡이 익어서 떠오를 때까지 중간 불에서 끓인다.

⑤ 냄비에 채 썬 채소를 넣는다.

⑥ 채소가 전부 익을 때까지 중간 불에서 끓인다.

⑦ 쪽파를 넣어 잘 섞은 후 불을 끈다.

⑧ 참깨를 뿌린다.

TIP

• 고기를 먹고 싶을 때는 삼겹살을 볶아 넣어도 좋다.

• 국물이 걸쭉해질 때까지 끓이면 완성이다.

• 고추장 자체에 단맛이 있기 때문에 벌꿀만 조금 넣고 설탕은 넣지 않아도 된다.

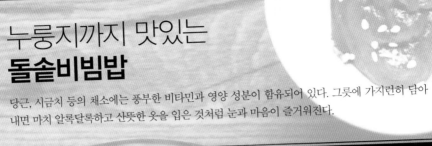

누룽지까지 맛있는
돌솥비빔밥

당근, 시금치 등의 채소에는 풍부한 비타민과 영양 성분이 함유되어 있다. 그릇에 가지런히 담아
내면 마치 알록달록하고 산뜻한 옷을 입은 것처럼 눈과 마음이 즐거워진다.

재료
당근 반 개, 호박 반 개, 시금치 1줌, 고사리 5줄기, 콩나물 1줌, 달걀 3개, 식용유 약간, 소금 약간, 고추장 2큰술, 밥 1그릇

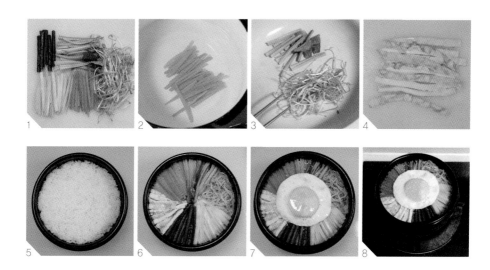

 방법

1. 당근과 호박은 채 썰고 시금치와 고사리는 손질해서 일정한 간격으로 자르고 콩나물은 깨끗이 씻는다.
2. 끓는 물에 당근, 호박, 고사리를 각각 데친다.
3. 냄비에 식용유를 두르고 시금치와 콩나물을 볶는다.
4. 달걀 2개는 소금을 넣고 풀어 프라이팬에 부친 후 길쭉하게 썬다.
5. 돌솥에 식용유를 바른 후 밥을 담고 약간 눌러준다.
6. 밥 위에 당근, 시금치, 콩나물, 호박, 고사리, 달걀을 순서대로 올린다.
7. 프라이팬에 식용유를 두르고 남은 달걀로 한쪽 면만 익힌 달걀프라이를 만든 후 나물 위에 올린다.
8. 돌솥을 불에 올려 지글지글 소리가 날 때까지 가열한 후 고추장을 넣어 비벼 먹는다.

TIP
- 시금치와 콩나물은 볶아서 사용해야 향이 더 좋다.
- 돌솥에 식용유를 넉넉히 발라야 누룽지가 쉽게 만들어진다.
- 고추장을 넣어 먹기 때문에 채소를 조리할 때는 소금을 넣지 않는다.

시원하고 쫄깃한 미식
냉면

냉면은 시원하고 담백하며 쫄깃쫄깃한 맛이 일품인 요리다. 살짝 매콤하면서도 새콤달콤한 맛을
지니고 있어 느끼하지 않고 식욕을 증진시킨다. 김치를 곁들여 먹으면 더욱 맛이 좋다.

재료 오이 반 개, 소고기 80g, 냉면용 면 200g, 배(또는 사과) 1쪽, 삶은 달걀 반 개, 김치 적당량, 대파 반 개, 생강 1조각, 얼음 적당량, 소금 약간, 고추장 1큰술, 간장 1큰술, 식초 2큰술, 설탕 5g

 방법

❶ 냄비에 소고기와 대파, 생강, 소금을 넣고 펄펄 끓이다 중간 불로 줄여 20분간 더 끓인다. 소고기는 건져내고 국물은 남긴다.

❷ 잘 익은 소고기는 식힌 후 얇게 썬다.

❸ 끓는 물에 면을 넣고 3〜5분간 삶는다.

❹ 면을 건져 찬물에 깨끗이 헹구어 물기를 뺀 후 그릇에 담는다.

❺ 오이는 깨끗이 씻어 채 썬다.

❻ 면을 담은 그릇에 오이, 배, 소고기를 올린다.

❼ 김치를 넣고 고추장 1큰술을 넣는다.

❽ 삶은 달걀을 올린 후 거름망에 걸러낸 육수에 간장, 식초, 설탕, 소금, 얼음을 넣고 그릇에 붓는다.

 TIP

• 면은 너무 오래 삶으면 탄력을 잃어 식감에 영향을 준다.

• 삶은 면은 차가운 물에 헹궈 끈기를 없앤다.

• 배 또는 사과는 깎아놓으면 산화되어 갈변하므로 가능한 빨리 섭취한다.

오색 빛깔
무지개 샌드위치

아침 식사는 매우 중요하다. 하룻밤 내내 공복 상태였던 우리 몸에 신속히 음식과 영양을 보충해 줘야 하기 때문이다. 무지개 샌드위치는 간단하면서도 만들기 쉬워 아침 식사 대용으로 좋다.

방울토마토 2개, 자색 양배추 2장, 오이(작은 것) 1개, 달걀 1개, 당근 반 개, 식빵 5장, 소금 약간, 식용유 약간

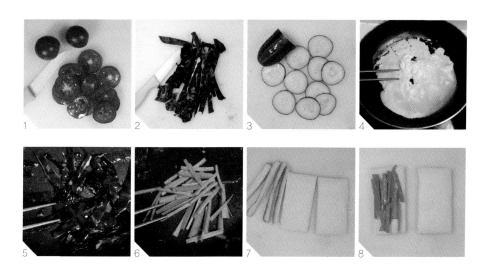

 방법

① 방울토마토는 깨끗이 씻어 가로로 얇게 썬다.

② 자색 양배추와 당근은 채 썬다.

③ 오이는 얇게 썬 후 소금물에 담가 떫은맛을 제거한다.

④ 프라이팬에 소금으로 간을 한 달걀을 붓고 중간 불에서 부친다.

⑤ 프라이팬에 식용유를 두르고 자색 양배추를 볶는다.

⑥ 프라이팬에 식용유를 두르고 당근을 볶은 후 소금을 넣는다.

⑦ 식빵의 네 귀퉁이를 잘라내고 반으로 자른다.

⑧ 식빵에 준비한 재료를 올리고 남은 식빵 절반으로 덮는다.

T
I
P

• 적당량의 마요네즈 혹은 케첩을 넣으면 풍미가 더욱 좋아진다.

• 자신이 좋아하는 채소 혹은 과일을 배합해도 좋다.

• 랩으로 샌드위치를 싸두면 먹을 때 편하다.

보기도 좋고 맛도 좋은
고양이 팬케이크

직접 만든 팬케이크는 카페에서 사 먹는 것보다 훨씬 맛있고 농후하다. 오후에 차를 마실 때 사랑스러운 팬케이크를 직접 만들어보자. 고양이 팬케이크는 썩 괜찮은 선택지가 될 것이다.

재료 달걀 1개, 밀가루 60g, 설탕 30g, 우유 70g, 올리브유 10g

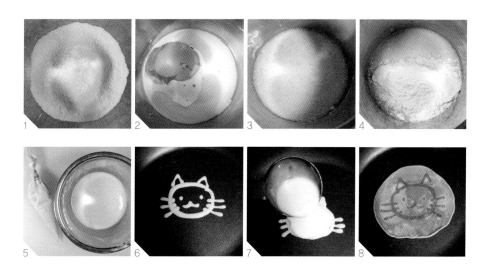

방법
① 밀가루를 체에 친 후 설탕을 넣는다.
② 우유에 달걀과 올리브유를 넣는다.
③ 골고루 섞어 달걀물을 만든다.
④ 달걀물에 ①을 넣고 실리콘 주걱으로 가볍게 뒤섞어 밀가루 반죽을 만든다.
⑤ 밀가루 반죽이 약간 걸쭉한 상태가 되면 짤주머니에 넣는다.
⑥ 프라이팬에 짤주머니를 이용해 고양이 그림을 그린 후 약한 불에 응고될 때까지 익힌다.
⑦ 밀가루 반죽을 한 국자 떠서 고양이 그림 위를 덮고 동그란 형태로 만든다.
⑧ 밀가루 반죽에 기포가 생길 때까지 약한 불로 익힌 후 뒤집어서 2분간 더 익힌다.

TIP
• 박력분 혹은 강력분 모두 사용 가능하다.
• 짤주머니를 사용해 글자를 구우면 장식으로 사용할 수 있다.
• 과일을 곁들이면 보기도 좋고 영양가도 높아진다.

식재료는 물론 신선한 것이 가장 좋다. 그러나 바쁜 일상 때문에 요리할 때마다 장을 볼 수 없다면 한가한 시간을 이용해 신선한 식재료를 구입해 냉장고에 넣어두자. 갑자기 필요할 때 유용하게 쓸 수 있을 것이다.

소고기

조리와 가공을 거친 소고기는 다양한 맛을 지니고 있으며 식감과 풍미도 풍부하다. 단백질 함량이 높고 지방 함량은 낮아 냉장고에 보존하기 적합하다.

돼지고기

돼지고기 또한 자주 볼 수 있는 주요 육류 중 하나다. 풍부한 단백질과 탄수화물을 함유하고 있으며 냉동실에 보관하면 그 맛과 영양을 보존할 수 있다.

닭고기

돼지고기나 소고기에 비해 상대적으로 지방 함유량이 적어 건강식품이라 할 수 있다. 조리법이 매우 간단하므로 냉장고에 보관해놓고 사용하기 좋다.

훈제 육류

나트륨 같은 조미료를 사용해 숙성 및 가공한 식재료로 소시지 등이 있다. 상온에서 오랜 기간 보관할 수 있고 냉장고에 보관하기에도 적합하다.

배추

신선한 채소는 보존하기 쉽지 않고 영양 손실도 크지만 배추의 보존 기간은 매우 길다. 배추 한 통을 냉장고에 넣어두면 필요할 때 사용하기 좋다.

옥수수

당분 함량이 높고 전분 함량은 낮아 건강에 좋으며 메인 요리에 곁들이기 좋다. 껍질이 붙어 있는 것을 고르면 옥수수의 수분을 오래 유지할 수 있다.

양파

양파는 인체의 신진대사를 강화하고 노화 방지와 골다공증 예방에도 좋으므로 중장년 및 노년층에 매우 적합한 건강식품이다. 보존성이 뛰어난 양파를 이용한 요리는 우리의 건강을 지켜준다.

당근

당근은 카로틴 함유량이 비교적 높고 조리 방법도 매우 다양하다. 볶거나 삶아 먹어도 되고, 날로 먹거나 간장 혹은 소금에 절여 먹을 수도 있다. 또한 보존성이 뛰어나 냉장고에 상비해둘 수 있는 채소 중 하나다.

달걀

달걀은 콜레스테롤과 영양이 풍부한 완전식품이다. 시장에서 구입할 수 있는 포장된 달걀은 세척과 소독을 거친 제품이므로 냉장고에 보관해둘 수 있다.

우유

유제품은 영양가가 풍부하고 양질의 단백질을 함유하고 있다. 우유는 오래전부터 천연 음료 중 하나로 인체에 매우 중요한 식품이었기 때문에 '하얀 혈액'이라고도 불린다. 그러므로 집안의 냉장고에는 적당량의 우유를 보관하고 있어야 한다.

아몬드

아몬드에는 풍부한 단백질, 지방, 당류가 함유되어 있는데, 그중에서도 올레인산과 리놀레산은 인체에 매우 유익하다. 조리할 때 아몬드를 사용하면 특유의 풍미를 지닌 요리를 만들 수 있고 미용에도 효과적이다.

호두

견과류의 일종인 호두에는 비타민 E와 지방산 등 풍부한 영양소가 함유되어 있어 건강에 매우 유익하며 두뇌를 건강하게 해준다. 단 호두는 산패하기 쉬우므로 반드시 냉장고에 보관해야 한다.

혼자 즐기는 우아한 서양 요리

서양의 음식 문화는 정교한 플레이팅과 균형 잡힌 영양 배합을 세심하게 신경 쓴다. 여기에 다양한 주류를 곁들이면 서양 요리의 우아한 분위기를 물씬 느낄 수 있다. 음식에서 풍기는 분위기, 치즈와 와인의 그윽한 향 등 몸과 마음으로 낭만을 즐겨보자.

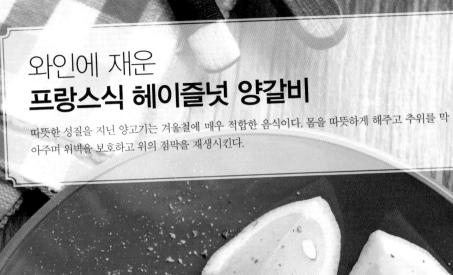

와인에 재운
프랑스식 헤이즐넛 양갈비

따뜻한 성질을 지닌 양고기는 겨울철에 매우 적합한 음식이다. 몸을 따뜻하게 해주고 추위를 막아주며 위벽을 보호하고 위의 점막을 재생시킨다.

양갈비 2개, 와인 100g, 버터 30g, 마늘 2쪽, 타임 약간, 소금 약간, 흑후춧가루 약간

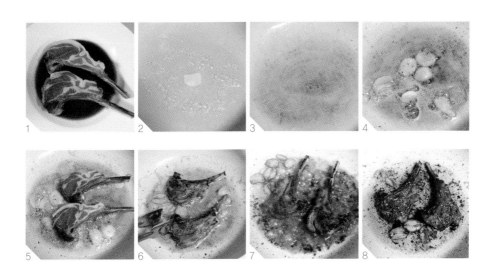

방법 ❶ 접시에 와인을 담고 소금을 뿌린 양갈비를 넣어 2시간 동안 재운다.

❷ 냄비에 버터를 넣고 중간 불로 녹인다.

❸ 버터가 캐러멜색이 될 때까지 졸여 헤이즐넛의 풍미를 더한다.

❹ 졸인 버터에 마늘을 얇게 썰어 넣고 노릇노릇해질 때까지 굽는다.

❺ 냄비에 양갈비를 넣고 중간 불에서 3분간 굽는다.

❻ 뒤집어서 3분간 더 구워 양갈비 표면을 살짝 태운다.

❼ 냄비에 양고기를 재운 와인을 넣고 뚜껑을 덮어 1분간 뜸 들인 후 뚜껑을 열어 수분을 증발시킨다.

❽ 흑후춧가루와 타임을 뿌린다.

TIP

• 버터는 캐러멜색이 될 때까지 졸여야 헤이즐넛의 풍미가 살아난다.

• 양갈비는 너무 오래 익히면 안 된다. 중간 불로 신속하게 익혀야 겉은 바삭하고 속은 부드러운 식감이 완성된다.

• 버터는 체온에 녹을 수 있으므로 가능한 손으로 직접 만지지 않는다.

가자미를 곁들인
라타투이

프로방스식 채소 요리인 라타투이는 프랑스 남부의 일반적인 가정식으로 끊임없는 개량을 거친 끝에 유명한 프랑스 요리 중 하나가 되었다. 또한 프랑스 남부의 지중해 분위기를 대표하는 음식이기도 하다.

재료 토마토 2개, 호박 1개, 가지 1개, 샐러리 1뿌리, 노란 파프리카 반 개, 빨간 파프리카 반 개, 가자미 1조각, 마늘 2쪽, 버터 30g, 소금 약간, 흑후춧가루 약간

방법

❶ 토마토 1개와 호박, 가지를 깨끗이 씻어 얇게 썬다.

❷ 샐러리, 노란 파프리카, 빨간 파프리카와 마늘을 잘게 썬다.

❸ 남은 토마토 1개를 잘게 썬다.

❹ 프라이팬에 버터를 약간 두른 후 ❷, ❸과 소금을 넣어 토마토가 부드러워지고 즙이 나올 때까지 볶는다.

❺ 그릇에 볶은 토마토소스를 담는다.

❻ 토마토소스 위에 얇게 썬 토마토, 호박, 가지를 번갈아가며 가지런히 담는다.

❼ 은박지를 덮고 오븐에 넣어 180도에서 20분간 굽는다.

❽ 프라이팬에 버터를 넣어 풍미를 더한 후 가자미를 굽는다. 가자미가 다 익으면 ❼ 위에 올리고 소금과 흑후춧가루를 뿌린다.

TIP

• 오븐에 구울 때 그릇을 은박지로 덮으면 채소의 수분 증발을 막을 수 있다.

• 버터는 체온에 녹을 수 있으므로 가능한 손으로 직접 만지지 않는다.

• 가자미는 요리하기 전에 미리 소금을 뿌려 재운다.

마늘과 양송이를 곁들인
독일식 닭날개찜

매우 훌륭한 조미료인 다진 마늘은 통째로 먹을 때처럼 냄새가 심하지도 않으면서 원래의 영양가를 보존하고 있다. 다진 마늘 특유의 맵싸하고 향기로운 맛은 닭날개에 그윽한 풍미를 더한다.

닭날개 4개, 양송이버섯 10개, 물 200g, 생강 2조각, 마늘 2쪽, 버터 30g, 파슬리가루 약간, 소금 약간, 후춧가루 약간

방법

① 냄비에 물과 닭날개, 생강, 소금을 넣고 중간 불에서 15분간 끓인다.

② 마늘을 곱게 다진다.

③ 다른 냄비에 버터를 넣고 약한 불로 녹인다.

④ 버터를 녹인 냄비에 양송이버섯을 넣고 표면이 노릇노릇해질 때까지 뒤집어가며 익힌다.

⑤ 닭날개를 끓인 물과 후춧가루, 소금을 넣은 후 버섯이 익어서 크기가 작아질 때까지 끓인다.

⑥ 그릇에 익힌 닭날개를 담고 양송이버섯과 국물을 붓는다.

⑦ 다진 마늘과 파슬리가루를 뿌린다.

⑧ 오븐에 넣어 180도에서 10분간 굽는다.

TIP

• 닭날개를 익히는 동시에 나머지 단계를 준비하면 시간을 절약할 수 있다.

• 양송이버섯을 씻을 때는 작은 솔로 더러운 표면을 가볍게 닦는다.

• 구운 빵을 국물에 찍어 먹어도 좋다.

생크림을 넣은
이탈리아식 콘포타주

많은 재료가 필요 없는 이탈리아식 콘포타주는 생크림과 버터에 밀가루로 걸쭉한 질감을 더해주
기만 하면 매우 그윽한 향미를 자랑하는 포타주가 된다.

재료) 옥수수 반 개, 소시지 1개, 버터 20g, 밀가루 10g, 생크림 30g, 파슬리가루 약간, 후춧가루 약간, 소금 약간, 물 적당량

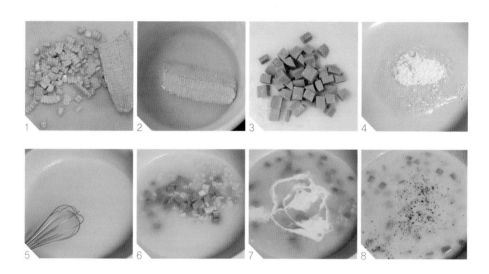

방법)
① 옥수수는 깨끗이 씻어 옥수수자루와 옥수수 알갱이를 분리한다.
② 냄비에 옥수수자루와 물을 넣고 5분간 끓인다.
③ 소시지를 네모나게 썬다.
④ 냄비에 버터를 녹이고 밀가루를 넣은 후 거품기로 신속하게 저어가며 볶아 걸쭉한 상태로 만든다.
⑤ 버터로 볶은 밀가루에 옥수수자루를 끓인 물을 붓고 골고루 젓는다.
⑥ 옥수수 알갱이와 소시지를 넣고 약한 불에서 걸쭉한 포타주 상태가 될 때까지 끓인다.
⑦ 생크림을 넣고 골고루 섞는다.
⑧ 소금과 후춧가루, 파슬리가루를 뿌린다.

TIP
• 옥수수자루를 삶은 물을 사용하면 더욱 구수하고 달콤하다.
• 버터는 체온에 녹을 수 있으므로 가능한 손으로 직접 만지지 않는다.
• 물을 추가로 넣을 때는 양에 주의하고, 마지막에는 약한 불에서 걸쭉해질 때까지 끓인다.

우유를 넣어 부드러운
스웨덴식 미트볼

직접 만든 미트볼은 건강에 좋지 않은 첨가물이나 원료가 섞여 있는 것을 걱정할 필요 없이 안심하고 건강하게 즐길 수 있다.

양파 반 개, 다진 소고기 150g, 빵가루 20g, 우유 40g, 버터 20g, 밀가루 20g, 후춧가루 약간, 소금 약간, 물 적당량

 방법

❶ 양파는 깨끗이 씻어 잘게 다진다.

❷ 다진 소고기를 다진 양파와 섞는다.

❸ 빵가루에 우유, 후춧가루, 소금을 넣어 2분간 재운다.

❹ 우유에 재운 빵가루를 잘 섞는다.

❺ 우유에 재운 빵가루와 ❷를 섞어 젓가락으로 빠르게 2분간 젓는다.

❻ 손에 비닐장갑을 끼고 반죽을 작은 덩어리로 굴려서 미트볼을 만든다.

❼ 오븐에 미트볼을 넣고 180도에서 10분간 굽는다.

❽ 냄비에 버터를 녹이고 밀가루를 넣어 볶은 후 물과 소금을 넣고 걸쭉한 상태가 될 때까지 졸여 미트볼 위에 뿌린다.

TIP

• 빵가루에 우유를 넣고 재워두는 이유는 빵가루에 우유를 잘 흡수시키기 위해서다.

• 버터는 체온에 녹을 수 있으므로 가능한 손으로 직접 만지지 않는다.

• 매콤한 맛을 원한다면 고춧가루를 넣는다.

카레를 넣은
감자수프

감자는 인체에 에너지를 제공하고 감자에 함유된 식이섬유는 위장의 운동을 촉진시켜 원활한 배변 활동을 돕는다. 여기에 카레를 더하면 맛과 영양이 풍부해진다.

재료 감자 1개, 양파 반 개, 코코넛밀크 10g, 버터 약간, 고형 카레 1조각, 물 적당량

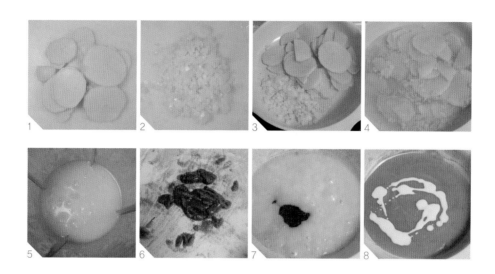

방법

❶ 감자는 껍질을 벗겨 얇게 썬다.

❷ 양파는 잘게 다진다.

❸ 냄비에 버터를 녹인 후 감자와 양파를 넣고 함께 볶는다.

❹ 물을 넣고 5분간 끓인다.

❺ 믹서에 ❹를 넣고 덩어리가 없어질 때까지 갈아 수프 상태로 만든다.

❻ 프라이팬에 카레를 넣고 살짝 볶는다.

❼ 볶은 카레에 ❺를 넣고 걸쭉해질 때까지 끓인다.

❽ 코코넛밀크를 골고루 뿌린다.

TIP

• 카레 자체에 짠맛이 있으므로 한번 맛본 후 소금의 양을 조절한다.

• 카레는 중간 불 혹은 약한 불에서 살짝 볶으면 향이 살아나지만 너무 센 불에는 타기 쉽다.

• 카레에 수프를 부을 때 계속해서 저어야 바닥에 눌어붙지 않고 골고루 섞인다.

한 끼 식사로 든든한
베이컨과 **토마토소스 콩조림**

베이컨과 토마토소스 콩조림은 광범위하게 사랑받는 메뉴로 한 끼 식사로도 좋다. 직접 만드는
요리의 맛과 재미를 즐기게 해주는 음식이다.

노란콩 500g, 베이컨 2장, 소시지 1개, 달걀 1개, 토마토 1개, 양파 1/4개, 토마토케첩 15g, 간장 5g, 설탕
5g, 물 적당량

❶ 노란콩은 깨끗이 씻은 후 물에 4시간 이상 불린다.
❷ 토마토는 껍질을 벗겨 잘게 썰고 양파도 잘게 썬다.
❸ 냄비에 물기를 제거한 노란콩과 토마토, 양파를 넣고 약한 불에서 토마토즙이 나올 때까지 골고루 저
   어가며 볶는다.
❹ 토마토케첩, 간장, 설탕을 넣고 더 볶는다.
❺ 물을 부은 후 뚜껑을 덮어 15분간 푹 끓인다.
❻ 뚜껑을 열어 중간 불에서 국물이 걸쭉해질 때까지 더 끓인다.
❼ 프라이팬에 베이컨을 넣고 굽다가 기름이 나오면 소시지를 넣어 표면이 노릇노릇해질 때까지 함께
   익힌다.
❽ 베이컨을 굽고 남은 기름에 달걀을 부친다.

• 콩을 너무 불리면 물러지기 쉽다.
• 콩을 토마토소스에 졸일 때 맛이 너무 시큼하면 설탕을 더 넣는다.
• 색을 돋보이게 하려면 토마토케첩을 더 넣는다.

아스파라거스와 베이컨을 곁들인
매시포테이토

어쩌면 당신은 평소 베이컨과 감자를 함께 볶은 요리를 자주 접했을지도 모른다. 그러나 조금의 수고만 더하면 아침 식사에 잘 어울리는 아스파라거스와 베이컨을 곁들인 매시포테이토를 금방 완성할 수 있다.

감자 반 개, 아스파라거스 6개, 당근 반 개, 오이 반 개, 베이컨 3장, 식빵 1장, 버터 약간, 소금 약간, 후춧가루 약간

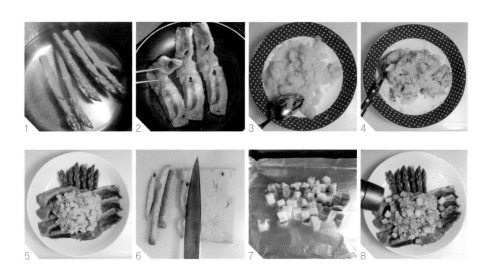

① 아스파라거스는 뿌리를 잘라내고 물에 데친 후 물기를 제거하고 그릇에 담는다.

② 프라이팬에 버터를 두르고 베이컨이 노릇노릇해질 때까지 익힌 후 아스파라거스 위에 올린다.

③ 감자는 쪄서 껍질을 벗기고 숟가락으로 으깬다.

④ 당근과 오이를 잘게 썰어 으깬 감자에 섞는다.

⑤ 으깬 감자에 소금을 넣고 섞은 후 베이컨 위에 올린다.

⑥ 식빵 가장자리를 잘라내고 작은 조각으로 자른다.

⑦ 오븐에 빵조각을 넣고 160도에서 5분간 굽는다.

⑧ 으깬 감자 위에 구운 빵조각과 후춧가루를 뿌린다.

TIP

• 개인의 입맛에 따라 마요네즈 등을 뿌려 먹어도 좋다.

• 요거트, 삶은 달걀 등을 곁들여 아침 식사로 먹으면 영양가가 더욱 풍부하다.

• 익힌 아스파라거스에 소금을 약간 뿌리면 더욱 맛이 살아난다.

치즈를 곁들인
닭다리 리소토

건강한 재료를 배합하고 오븐에 조리해 담백한 맛을 살린 리소토는 맛은 물론 몸에도 좋다.

재료 닭다리 1개, 토마토 반 개, 피망 1개, 당근 반 개, 밥 1그릇, 모차렐라 치즈 20g, 간장 약간, 후춧가루 약간, 맛술 약간, 소금 약간, 물 적당량

방법

❶ 닭다리는 뼈를 발라 간장, 소금, 후춧가루, 맛술에 1시간 재운다.

❷ 토마토, 피망, 당근은 깨끗이 씻어 작은 크기로 썬다.

❸ 냄비에 당근과 닭고기를 넣고 골고루 볶는다.

❹ 이어서 토마토와 피망, 물을 넣고 함께 끓이다가 토마토즙이 배어나오면 소금을 넣는다.

❺ 밥을 그릇의 8할 정도 담고 살짝 눌러 평평하게 만든다.

❻ 밥 위에 잘 익은 토마토와 닭고기를 얹는다.

❼ 재료를 담은 그릇에 모차렐라 치즈를 골고루 뿌린다.

❽ 오븐에 넣고 180도에서 5분간 굽는다.

TIP

• 다이어트 중이라면 닭가슴살을 선택해도 좋다.

• 밥은 수분이 너무 많거나 적어도 안 되며 타지 않도록 화력에 주의해야 한다.

• 오븐 크기에 따라 굽는 온도를 조절해 타지 않게 한다.

소시지를 넣은
호박 파스타

깔끔하고 부드러운 맛으로 유명한 파스타는 세련된 저녁 식사에 최적이라 할 수 있다. 호박과 소시지를 주재료로 독특한 맛을 시도해보자.

재료 호박 200g, 삼색 파스타 100g, 소시지 2개, 다진 마늘 1쪽, 올리브유 약간, 소금 약간, 후춧가루 약간, 파슬리가루 약간, 물 적당량

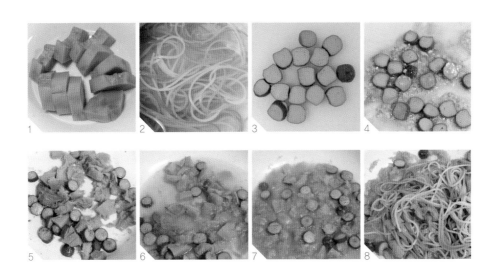

방법
① 호박은 깨끗이 씻어 껍질을 벗기고 균등한 크기로 썬 후 찐다.
② 끓는 물에 삼색 파스타를 넣고 올리브유 두 방울을 떨어뜨린 후 삶는다. 면이 익으면 건져내 물기를 제거한다.
③ 소시지를 깨끗이 씻어 작은 크기로 썬다.
④ 냄비에 올리브유를 두르고 다진 마늘과 소시지를 넣어 살짝 볶는다.
⑤ 이어서 찐 호박을 넣고 물렁해질 때까지 함께 볶는다.
⑥ 냄비에 물 적당량을 붓고 약한 불에서 계속 끓인다.
⑦ 국물이 걸쭉해지면 소금을 골고루 뿌리고 불을 끈다.
⑧ 호박이 담긴 냄비에 파스타를 넣고 골고루 섞은 후 접시에 담아 후춧가루와 파슬리가루를 뿌린다.

TIP
• 파스타를 끓이는 동시에 나머지 단계를 조리하면 시간을 절약할 수 있다.
• 파스타를 삶는 시간은 포장지에 쓰여 있는 시간과 분량을 따른다.
• 굵기가 가는 파스타를 사용하면 식감이 더 좋다.

해산물을 넣은
스페인식 파에야

해산물과 쌀로 유명한 스페인 발렌시아 지방에서 유래한 요리다. 밥을 노랗게 볶아 낱알의 식감
이 살아 있는 파에야는 각종 해산물이 들어 있어 더욱 입맛을 돋운다.

재료 새우 4마리, 오징어 1마리, 가리비 3개, 대합 5개, 쌀 100g, 양파 반 개, 소금 약간, 조미료 1큰술, 화이트 와인 100g, 후춧가루 약간, 물 적당량

방법
① 가리비와 조개는 깨끗이 씻어놓고 새우와 오징어는 끓는 물에 함께 데친다.
② 양파는 다지고 쌀은 깨끗이 씻어 물기를 없앤 후 냄비에 함께 넣어 살짝 볶는다.
③ 볶은 쌀에 물과 소금 적당량을 넣는다.
④ 이어서 조미료를 넣는다.
⑤ 화이트와인을 넣어 골고루 저은 후 뚜껑을 덮고 약한 불에서 15분간 끓인다.
⑥ 밥알이 대부분의 수분을 흡수하면 깨끗이 씻은 가리비와 조개를 넣고 다시 뚜껑을 덮어 5분간 끓인다.
⑦ 데친 새우와 오징어를 넣는다.
⑧ 후춧가루를 뿌린다.

TIP
• 새우와 오징어는 버터로 볶으면 향이 좋고, 가리비와 조개는 찌면 더욱 신선한 맛이 난다.
• 해산물은 빨리 익으므로 오랫동안 조리하지 않고 색이 변하면 바로 꺼낸다.
• 새우를 손질할 때 꼬리에서 2∼3번째 마디를 이쑤시개로 쑤시면 쉽게 내장을 제거할 수 있다.
• 재료 중 조미료는 시중에 판매되고 있는 혼합 및 복합 조미료 가운데 취향에 맞게 골라 사용한다.

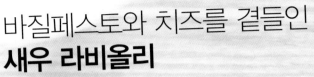

바질페스토와 치즈를 곁들인
새우 라비올리

얇은 밀가루 반죽에 육류, 해산물, 치즈 등을 넣어 만드는 라비올리는 중국의 만두처럼 생겼지만
유럽풍의 특색이 잘 살아 있는 음식이다. 바질과 치즈로 만든 소스를 곁들이면 더욱 충만한 맛을
느낄 수 있다.

재료 새우 4마리, 잣 35g, 밀가루 100g, 치즈 20g, 신선한 바질 20g, 올리브유 50g, 파마산 치즈 20g, 마늘 1쪽, 소금 약간, 후춧가루 약간, 물 적당량

 방법 ❶ 밀가루에 뜨거운 물을 넣어 만든 밀가루 반죽을 방망이로 얇게 민 후 가로 7센티미터, 세로 10센티미터의 장방형 크기로 자른다.

❷ 새우는 껍질을 벗겨 내장을 제거하고 치즈는 작은 조각으로 자른다.

❸ 얇게 민 밀가루 반죽에 새우와 치즈를 올리고 다른 한쪽으로 덮은 후 틀로 눌러 만두 형태의 라비올리를 만든다.

❹ 끓는 물에 라비올리를 넣고 라비올리가 떠오를 때까지 삶는다.

❺ 바질은 깨끗이 씻은 후 서늘한 곳에서 말리고 잣은 껍질을 벗긴다.

❻ 믹서에 바질, 잣, 올리브유, 마늘을 넣고 간다.

❼ 이어서 파마산 치즈, 소금, 후춧가루를 넣고 걸쭉한 상태가 될 때까지 잘 섞어 바질페스토를 만든다.

❽ 라비올리를 물에서 건져내 바질페스토와 함께 그릇에 담는다.

TIP
· 바질페스토를 섞을 때는 덩어리가 조금 남아 있는 편이 더 맛이 좋으므로 너무 오랫동안 섞지 않는다.
· 파마산 치즈 자체에 짠맛이 있으므로 맛본 후 소금의 양을 조절한다.
· 남은 바질페스토는 밀봉한 병에 담고 위에 올리브유를 발라두면 산화를 방지할 수 있다.

버섯과 닭고기를 넣은
크림소스 파스타

파스타는 서양 요리에서 매우 흔히 볼 수 있는 면 요리이지만 전 세계의 식탁에서도 많은 사랑을
받는 요리 중 하나다. 크림소스 파스타는 향기로운 풍미를 느낄 수 있으면서도 느끼하지 않으며,
민트를 넣으면 더욱 산뜻한 맛이 난다.

파스타 200g, 닭다리 1개, 양송이버섯 3개, 우유 200g, 밀가루 25g, 버터 25g, 후춧가루 약간, 소금 약간, 올리브유 약간, 민트가루 약간

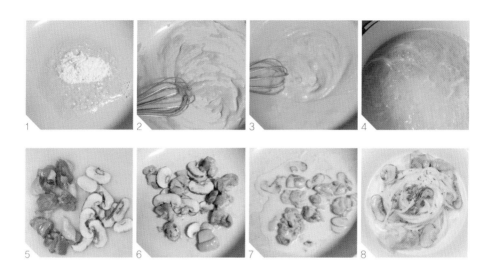

 방법
❶ 냄비에 버터를 넣고 약한 불에 녹인다.
❷ 녹인 버터에 밀가루를 넣고 신속하게 거품기로 골고루 섞어가며 볶아 걸쭉하게 만든다.
❸ 이어서 우유를 붓고 거품기로 걸쭉한 상태가 될 때까지 잘 저어가며 크림소스를 만든 후 소금을 뿌린다.
❹ 끓는 물에 올리브유와 소금을 넣은 후 파스타를 넣고 중간 불에서 8분간 삶는다.
❺ 닭다리는 깨끗이 씻어 뼈를 발라낸 후 적당한 크기로 자르고 양송이는 깨끗이 씻어 얇게 썬다.
❻ 냄비에 올리브유를 두르고 닭고기를 넣어 노릇노릇해질 때까지 볶은 후 양송이를 넣어 함께 볶는다.
❼ 불을 끈 후 냄비에 천천히 크림소스를 붓고 주걱으로 골고루 젓는다.
❽ 물기를 뺀 파스타에 크림소스와 양송이, 닭고기를 넣어 잘 저은 후 민트가루를 뿌린다.

T
I
P
· 버터에 밀가루를 넣어 볶을 때는 가장 약한 불에서 신속하게 저어야 덩어리지지 않는다.
· 파스타를 삶을 때는 소금 적당량을 넣으면 맛이 더욱 좋아진다.
· 민트가 없을 때는 바질을 사용하면 풍미를 유지하면서도 느끼함을 줄일 수 있다.

전통의 맛과 풍미를 살린
이탈리아식 토마토소스와 라자냐

정통적인 이탈리아의 맛과 풍미를 지닌 토마토소스와 라자냐를 만들어보자. 라자냐는 바삭바삭
하면서도 느끼하지 않고 페이스트와 치즈가 어우러져 서양 요리의 독특한 맛을 드러내는 요리다.

재료 토마토 3개, 양파 반 개, 마늘 2쪽, 버터 30g, 바질가루 5g, 오레가노 5g, 소금 5g, 후춧가루 약간, 토마토케첩 20g, 물 적당량

방법
① 토마토, 양파, 마늘을 잘게 다진다.
② 냄비에 버터를 녹인 후 다진 마늘과 양파를 넣고 볶는다.
③ 이어서 토마토를 넣어 즙이 나올 때까지 함께 볶는다.
④ 물을 넣고 중간 불에서 10분간 끓인다.
⑤ 믹서에 ④를 넣고 걸쭉한 상태로 간다.
⑥ 냄비에 ⑤를 넣고 토마토케첩과 소금을 넣는다.
⑦ 약한 불에서 걸쭉한 상태가 될 때까지 저어가며 졸인다.
⑧ 후춧가루, 바질가루, 오레가노를 뿌리고 잘 섞는다.

TIP
• 피자소스로 사용하거나 물을 약간 넣어 파스타소스로 사용해도 좋다.
• 매운 맛을 좋아하는 사람은 고추를 적당히 넣는다.
• 다 끓인 토마토소스는 식힌 후 밀폐 용기에 넣어두면 냉장고에서 7일 정도 보관할 수 있다.

라자냐 6장, 버터 20g, 밀가루 20g, 우유 200g, 올리브유 2방울, 모차렐라 치즈 100g, 토마토소스 약간, 크림소스 약간, 흑후춧가루 약간

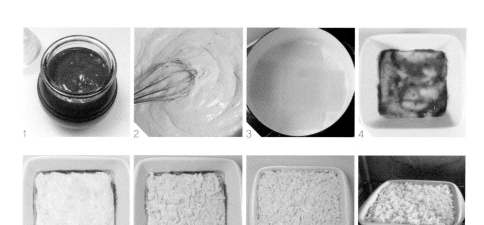

❶ 토마토소스를 준비한다.
❷ 냄비에 버터를 녹인 후 밀가루를 넣고 볶는다. 우유를 넣고 약한 불에서 걸쭉해질 때까지 끓인 후 흑후춧가루를 뿌린다.
❸ 끓는 물에 올리브유를 넣고 라자냐를 한 장씩 넣어 5분 정도 삶은 후 차가운 물에 식힌다.
❹ 그릇에 삶은 라자냐를 한 장 깔고 그 위에 토마토소스를 바른다.
❺ 토마토소스 위에 크림소스(83쪽 참고)를 바른다.
❻ 모차렐라 치즈를 뿌린 후 ❹, ❺, ❻을 그릇이 가득 찰 때까지 반복한다.
❼ 마지막으로 모차렐라 치즈를 가득 뿌린다.
❽ 오븐에 넣어 170도에서 30분간 굽는다.

• 라자냐를 삶을 때는 자주 가볍게 저어줘야 서로 들러붙지 않는다.
• 라자냐의 양은 개인의 식사량에 따라 늘이거나 줄이도록 한다.
• 버터는 체온에 녹을 수 있으므로 가능한 손으로 직접 만지지 않는다.

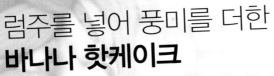

럼주를 넣어 풍미를 더한
바나나 핫케이크

바나나는 사람을 즐겁게 해주는 매력을 지닌 과일이다. 아침에 바나나를 이용한 요리를 만들면
포만감뿐 아니라 하루 종일 즐거운 기분을 느낄 수 있다.

재료) 바나나 1개, 달걀 1개, 밀가루 60g, 설탕 20g, 우유 70g, 럼주 5g, 소금 약간

 방법)

1. 그릇에 우유, 달걀, 설탕을 넣는다.
2. 거품기로 골고루 잘 섞는다.
3. 밀가루와 소금을 체에 쳐서 ❷에 넣은 후 밀가루 반죽을 만든다.
4. 바나나는 껍질을 벗긴 후 포크나 숟가락으로 으깬다.
5. 으깬 바나나에 럼주를 넣어 향을 더한다.
6. 밀가루 반죽에 으깬 바나나를 넣고 걸쭉해질 때까지 골고루 잘 섞는다.
7. 프라이팬을 달궈 밀가루 반죽 한 국자를 넣는다.
8. 약한 불에서 반죽 표면에 기포가 생길 때까지 구운 후 뒤집어서 노릇해질 때까지 1분간 더 굽는다.

T I P
- 반죽을 잘 섞어야 하는 이유는 핫케이크의 식감을 더욱 부드럽게 하기 위해서다.
- 잘 구운 핫케이크는 꿀 혹은 초콜릿소스 등에 찍어 먹으면 더욱 맛있다.
- 바나나 자체에 단맛이 있으므로 단것을 싫어하는 사람은 설탕을 조금만 넣는다.

· 셰프가 알려주는 비법 ·
서양 요리에 어울리는 술

서양에서는 요리와 술의 배합을 매우 중요하게 생각하며 이는 식사 예절의 일부분을 형성하고 있다. 예를 들어 담백한 요리에는 향이 말끔한 술을 곁들이고 육류 요리에는 향이 농후한 술을 곁들인다.

샴페인

사치스럽고 로맨틱한 술로 축하 자리에 어울린다. 화이트 샴페인은 해산물, 당분을 줄인 샴페인은 과일, 로제 샴페인은 구이 요리와 잘 어울린다.

리큐어

식후에 마시는 단 술로 증류주를 기반으로 다양한 향과 단맛을 더한다. 아름다운 색과 독특한 향기 덕에 칵테일, 디저트 등을 만들 때도 사용한다.

와인

요리에 곁들이기 좋은 술로 당분 함량이 낮은 편이기 때문에 단맛이 나지 않고 깨끗하면서도 그윽하며 과실의 향과 알코올의 향이 조화롭다.

브랜디

우아하고 장중한 증류주로 다양한 과일을 원료로 만든다. 단독으로 마시거나 얼음 혹은 차를 섞어 마시면 식욕을 증진시키고 소화를 돕는다.

위스키

보리 등의 곡물을 빚어 나무통에 숙성시켜 만드는 독한 증류주다. 단독으로 마시거나 얼음 혹은 탄산수, 녹차 등을 섞어 마시는 등 음용법이 다양하다.

럼

달콤하고 향이 짙으며 갈색 혹은 무색을 띤다. 산뜻한 스타일과 농후한 스타일의 럼이 있으며 단독으로 마시거나 다른 음료와 혼합해 마실 수도 있다.

포트와인

알코올 성분을 강화한 와인으로 포도즙이 완전히 발효하기 전에 발효를 중단시켜 단맛을 지니고 있다. 치즈를 먹을 때 함께 마신다면 좋은 선택이 될 수 있다. 병마개로 밀봉한 포트와인은 어두운 곳에서 몇 개월간 보존할 수 있는데, 일단 병을 따면 반드시 그때 다 마셔야 한다.

칵테일

일종의 혼합 음료로 두 가지 혹은 그 이상의 술이나 과즙, 탄산수 등을 혼합해 만든다. 특유의 색과 향, 맛을 겸비하고 있으며 종류가 매우 다채롭고 빛깔과 광택이 뛰어나다. 칵테일은 식욕을 증진시키고 자극적이지만 적당히 마시면 신경을 완화시킬 뿐 아니라 근육을 이완시키는 등의 작용을 한다.

보드카

러시아의 전통술로 곡물 혹은 감자를 원료로 만든다. 특수한 가공을 거치면 무색의 개운한 맛이 만들어지는데, 달거나 쓰지도 않고 떫지도 않은 격렬한 자극을 가지고 있다. 얼린 보드카는 약간의 점성이 있으며 생선 알로 만든 젓갈, 소시지, 소금에 절인 생선을 곁들이면 한층 깊은 맛을 즐길 수 있다.

베르무트

와인을 기반으로 만든 술로 식물의 에센스를 조미해 향을 더한 술이다. 알코올 농도가 높아 순수하고 진한 베르무트는 칵테일을 만들 때 빼놓지 않고 사용하는 술이다. 베르무트는 식전 주로 마시는데 식전에 한 잔 마시면 침과 위액의 분비를 촉진해 식욕을 증진시킨다.

화이트와인

청포도 혹은 껍질을 벗긴 포도를 발효해 만든 술로 거의 무색에 가깝거나 노란색을 띤다. 알코올 농도는 평균 수준이고 산성 성분이 들어 있어 특히 식전에 마시기 적합하며 음식의 맛을 더욱 살려준다. 또한 화이트와인에는 인체에 필요한 아미노산이 들어 있어 매일 마시기에도 적합하다.

테킬라

용설란을 원료로 증류를 거쳐 제조한 술이다. 테킬라를 마실 때는 먼저 테킬라를 입에 머금고 혀가 살짝 얼얼해지면 천천히 삼킨다. 차게 하여 단독으로 마셔도 좋고 얼음을 넣어 마셔도 좋다. 각종 칵테일을 만드는데 매우 적합한 술이다.

혼자 즐기는 중식의 맛

중국에는 광활한 영토만큼 식재료가 풍부하고 이를 이용
한 맛있는 음식도 무수히 많다. 다양한 지역의 음식 문화
는 같은 재료로도 저마다 특색 있는 맛을 만들어낸다. 특
히 전통적인 중국 음식에서 밥과 면은 절대 빠질 수 없는
요소인데, 여기에 다양한 중국식 반찬을 곁들이면 더욱
전통적인 맛을 즐길 수 있다.

카이란을 곁들인
광둥식 뚝배기밥

광둥식 뚝배기 요리는 사람들에게 널리 사랑받고 있는 요리인데, 그중에서도 가장 대표적인 뚝배기밥은 입안에 감도는 향과 뒷맛이 좋기로 유명하다.

쌀 200g, 살라미소시지 2개, 표고버섯 2개, 달걀 1개, 카이란 적당량, 채 썬 생강 약간, 다진 파 약간, 간장 2큰술, 시용유 약간, 소금 약간, 설탕 약간, 물 적당량

방법

① 뚝배기를 깨끗이 씻어 부드러운 천으로 물기를 닦은 후 뚝배기 전체에 식용유 적당량을 바른다.

② 쌀은 깨끗이 씻어 하룻밤 불린 후 물기를 빼고 뚝배기에 넣는다.

③ 뚝배기에 물 적당량을 붓는다. 이때 물의 양 조절에 주의한다.

④ 씻은 쌀 위에 살라미소시지를 얇게 썰어 넣고 센 불로 한 번 끓인 후 약한 불로 물기가 없어질 때까지 가열한다.

⑤ 이어서 채 썬 생강, 표고버섯, 달걀을 넣고 뚜껑을 덮은 후 약한 불에서 15분간 뜸 들인다.

⑥ 카이란은 깨끗이 씻어 끓는 물에 한 번 데친 후 물기를 제거한다.

⑦ 밥이 다되면 뚝배기에 카이란을 가지런히 넣는다.

⑧ 간장, 소금, 설탕을 골고루 섞어 넣고 다진 파를 뿌린다.

T I P

· 쌀을 하룻밤 불리는 이유는 밥을 잘 짓고 부드러운 식감을 내기 위해서다.

· 밥을 지을 때는 가장 약한 불로 지어야 밥맛이 살아난다. 불이 너무 세면 밥이 뚝배기 바닥에 눌어붙기 쉽다.

· 카이란은 처음부터 다른 재료와 함께 넣지 않고 밥이 완성되기 직전에 넣어야 적당히 익는다.

올리브잎절임을 넣은
살라미소시지볶음밥

혼자 먹는 밥은 간편하고 조리 시간도 짧아야 한다. 중국에서 흔히 볼 수 있는 올리브잎절임을
이용해 볶음밥을 만들면 간편할 뿐 아니라 특유의 풍미를 즐길 수 있다.

재료 올리브잎절임 10g, 살라미소시지 1개, 오이 반 개, 달걀 1개, 밥 1그릇, 소금 약간, 간장 약간, 식용유 약간

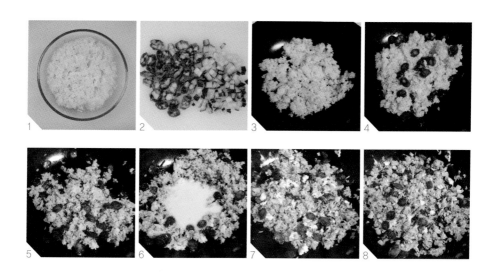

방법
① 잘 지은 밥을 준비한다.
② 살라미소시지는 얇게 썰고 오이는 깍둑썰기 한다.
③ 프라이팬에 식용유를 두른 후 밥을 넣어 고슬고슬하게 볶는다.
④ 밥에 얇게 썬 살라미소시지를 넣고 골고루 볶는다.
⑤ 이어서 올리브잎절임을 넣고 더 볶아 풍미를 더한다.
⑥ 프라이팬 가운데에 공간을 만들어 달걀을 풀어 넣는다.
⑦ 달걀이 조금씩 굳기 시작하면 주걱으로 섞어가며 밥과 함께 골고루 볶는다.
⑧ 깍둑썰기 한 오이를 넣은 후 소금과 간장을 뿌린다.

TIP
• 올리브잎절임 자체에 유분과 짠맛이 있으므로 볶음밥을 만들 때는 식용유와 소금을 조금만 넣는다.
• 달걀을 넣은 후 조금 굳기 시작할 때 바로 볶지 않으면 달걀물이 밥알에 들러붙어 식감에 영향을 준다.
• 달걀을 넣은 후에는 불을 줄여 센 불에 달걀이 눌어붙지 않게 한다.

삶은 달걀을 곁들인
대만식 돼지고기덮밥

돼지고기덮밥은 독특한 풍미로 유명한 대만 음식이다. 기름기가 있지만 느끼하지 않으며 달콤하면서도 짭조름한 맛이 입에 착 감긴다. 짙은 풍미를 지닌 대만식 돼지고기덮밥은 저녁 식사로 즐기기 좋은 미식이다.

재료 삼겹살 150g, 삶은 달걀 2개, 표고버섯 2개, 월계수잎 2장, 생강 2조각, 마늘 1쪽, 팔각 2개, 얼음설탕 10g, 간장 적당량, 소금 적당량, 진간장 약간, 밥 1그릇, 식용유 약간, 물 적당량

방법

❶ 삼겹살은 깨끗이 씻은 후 균등한 크기로 잘게 썬다.

❷ 표고버섯도 깨끗이 씻은 후 균등한 크기로 잘게 썬다.

❸ 프라이팬에 식용유를 두른 후 생강, 마늘, 월계수잎, 팔각을 넣고 볶아 풍미를 살린다.

❹ 이어서 삼겹살을 넣고 노릇노릇해질 때까지 볶는다.

❺ 삼겹살에 잘게 썬 표고버섯, 얼음설탕, 간장과 진간장을 넣고 얼음설탕이 녹을 때까지 볶는다.

❻ 물 적당량을 넣고 약한 불에 20분간 졸인다.

❼ 삶은 달걀을 넣고 뚜껑을 덮은 후 20분간 더 졸인다.

❽ 센 불로 국물이 없어질 때까지 끓인 후 소금을 넣는다. 완성된 돼지고기조림을 밥 위에 올린다.

TIP

• 신선한 표고버섯이 없을 때는 말린 표고버섯을 미리 물에 불려 사용한다.

• 진간장은 돼지고기덮밥의 색을 조절하기 위한 것이므로 너무 많이 넣지 않도록 한다.

• 달걀을 넣고 조릴 때는 중간에 뚜껑을 열어 달걀을 굴려주면 달걀 표면에 색이 골고루 배어든다.

• 청경채를 끓는 물에 한 번 데쳐 곁들여도 좋다.

밤과 버섯을 넣은
닭고기찜밥

위를 따뜻하게 해주는 밤은 찜밥에 잘 어울리는 재료다. 혼자서 밥을 먹을 때 너무 복잡한 상차림은 필요 없다. 맛과 영양을 골고루 갖춘 찜밥 한 그릇은 우리의 위를 충분히 만족시킬 것이다.

재료　닭고기 500g, 밤 5알, 표고버섯 2개, 쌀 50g, 생강 2쪽, 간장 약간, 소금 약간, 맛술 약간, 물 적당량

 방법
❶ 닭고기에 생강과 간장, 소금, 맛술을 넣어 1시간 동안 재운다.
❷ 밤은 껍질을 벗겨 작은 크기로 썬 후 냄비에 물과 함께 넣어 10분간 삶는다.
❸ 밤이 살짝 익으면 체로 건진다.
❹ 표고버섯을 깨끗이 씻은 후 적당한 크기로 썬다.
❺ 냄비에 밤과 표고버섯을 넣고 볶아 풍미를 더한다.
❻ 밥통에 쌀을 넣고 씻은 후 물 적당량을 붓는다.
❼ 씻은 쌀 위에 밑간을 한 닭고기를 올린다.
❽ 이어서 볶은 밤과 표고버섯을 넣고 취사 버튼을 누른다.

T
I
P

• 신선한 표고버섯이 없을 때는 말린 표고버섯을 물에 불려 사용한다.
• 밥을 다 지은 후 취사 버튼을 한 번 더 누르면 누룽지가 생겨 밥이 더 구수해진다.
• 닭다리나 닭날개처럼 비교적 덩어리가 큰 닭고기는 칼집을 내면 맛이 잘 배어든다.

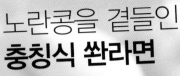

노란콩을 곁들인
충칭식 쏸라면

쏸라면은 시큼하면서도 시원한 맛이 일품인 요리다. 면이 투명하고 윤기가 있어 보기에도 좋고 노란콩을 곁들이면 맛도 더욱 좋아진다. 매운맛을 좋아하는 사람들은 입맛에 따라 고추장을 첨가해도 좋다.

재료 고구마 당면 1인분, 노란콩 20g, 청경채 2뿌리, 자차이 적당량, 고수 약간, 고추기름 2큰술, 참깨 5g, 간장 1큰술, 식초 1큰술, 설탕 약간, 소금 약간, 후춧가루 약간, 식용유 적당량, 물 적당량

방법
❶ 고추기름에 참깨를 넣는다.
❷ 이어서 간장, 식초, 설탕, 소금, 후춧가루를 넣는다.
❸ 물 적당량을 넣고 쏸라탕이 될 때까지 끓인다.
❹ 끓는 물에 고구마 당면을 넣고 삶은 후 물기를 뺀다.
❺ 프라이팬에 식용유를 두른 후 노란콩이 노릇노릇해질 때까지 볶는다.
❻ 그릇에 삶은 고구마 당면을 담은 후 청경채를 볶아 올린다.
❼ 고구마 당면 위에 쏸라탕을 붓는다.
❽ 노란콩과 자차이를 올리고 고수를 뿌린다.

T I P
• 고구마 당면은 미리 불려놓으면 쉽게 익는다.
• 노란콩은 식용유에 볶기 전에 미리 불려놓는다.
• 자차이는 개인의 기호에 따라 목이버섯, 버섯, 숙주나물 등으로 대체한다.

새우와 버섯을 넣은
쏸라탕

식욕을 증진시키는 쏸라탕에는 동남아시아 특유의 향신료가 다양하게 들어간다. 여기에 각종 어패류를 넣으면 더욱 맛이 좋아지므로 기호에 따라 식재료를 조절해보자.

재료 새우 5마리, 양파 1개, 레몬그라스 4개, 레몬잎 5장, 표고버섯 80g, 죽순 50g, 쌴라탕소스 1인분, 올리브유 약간, 라임 반 개, 생강 약간, 레몬즙 약간, 고추 적당량, 물 적당량

방법
1. 재료를 준비하고 새우는 내장을 제거한다.
2. 레몬그라스는 깨끗이 씻어 적당한 길이로 자른다.
3. 양파는 깨끗이 씻어 얇게 썬다.
4. 죽순은 깨끗이 씻어 길쭉하게 썬다.
5. 냄비에 올리브유를 두르고 새우, 레몬그라스, 표고버섯, 생강, 레몬즙, 고추를 넣어 센 불에서 1분간 볶는다.
6. 이어서 물과 쌴라탕소스를 넣고 5분간 끓인다.
7. 국물이 끓으면 양파를 넣고 1분간 더 끓인다.
8. 불을 끄고 라임즙을 넣는다.

T
I
P
- 냄비에 레몬 조각을 넣고 가열하면 쓴맛이 나므로 주의한다.
- 쌴라탕소스는 시중에 판매되고 있는 제품을 사용한다.
- 불을 끈 후 피시소스를 소량 넣으면 더욱 정통적인 맛이 난다. 익숙하지 않다면 넣지 않아도 된다.
- 새우를 손질할 때는 꼬리에서 2~3번째 마디를 이쑤시개로 쑤시면 쉽게 내장을 제거할 수 있다.

토란을 넣은
소고기국밥

식욕이 없을 때나 무언가 먹고 싶어도 소화가 안 될까 봐 걱정일 때 토란을 넣은 소고기국밥을
먹으면 포만감을 느낄 수 있으면서도 속에 부담이 되지 않는다.

재료　소고기 100g, 토란 1개, 새송이버섯 1개, 표고버섯 2개, 배춧잎 2장, 밥 1그릇, 소금 약간, 후춧가루 약간, 굴소스 약간, 간장 약간, 전분 적당량, 물 적당량

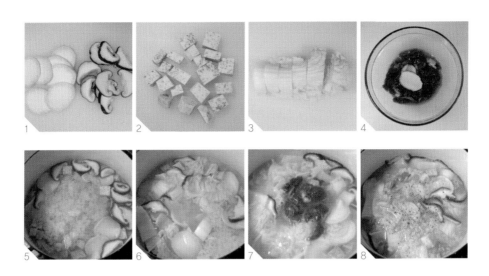

방법
① 새송이버섯과 표고버섯을 깨끗이 씻어 얇게 썬다.
② 토란은 껍질을 벗긴 후 깨끗이 씻어 작은 조각으로 썬다.
③ 배춧잎은 깨끗이 씻어 균등한 크기로 자른다.
④ 소고기를 적당한 크기로 썰고 굴소스, 간장, 전분, 물을 넣은 후 골고루 버무려 20분간 재운다.
⑤ 냄비에 물을 넣고 끓인 후 밥, 새송이버섯, 표고버섯, 토란을 함께 넣는다.
⑥ 토란이 약간 부드러워지면 배춧잎을 넣는다.
⑦ 센 불로 펄펄 끓인 후 소고기를 넣고 골고루 젓다가 불을 끈다.
⑧ 소금과 후춧가루를 뿌린다.

TIP
· 끓고 있는 냄비에 소고기를 넣은 후 바로 불을 끄지 않으면 고기가 질겨진다.
· 토란을 너무 흐물흐물하게 익히면 국물이 혼탁해져 식감에 영향을 준다.
· 밥은 진밥보다 된밥을 사용하는 편이 더 식감이 좋다.

간단하게 만드는
콩비지떡

콩비지와 옥수숫가루를 섞어 직접 떡을 만들어보자. 맛 좋은 콩비지떡은 영양가가 높아 건강에
좋고 식이섬유가 풍부해 소화를 돕는다. 쫀득한 식감과 찰기가 느껴지는 콩비지떡은 간식으로
적합하다.

콩비지 100g, 옥수숫가루 150g, 강력분 50g, 설탕 40g, 물 60g, 이스트 3g, 식용유 약간

방법
① 강력분을 체에 쳐 덩어리지지 않도록 곱게 내린다.
② 옥수숫가루를 체에 쳐 강력분과 섞는다.
③ 물기를 제거한 콩비지, 이스트, 설탕을 넣는다.
④ 물을 조금씩 넣으며 반죽한다.
⑤ 손에 물을 약간 적신 후 반죽을 약 35g씩 떼어내 둥글게 빚는다.
⑥ 끝이 뾰족한 형태로 빚으면서 가운데에 움푹하게 구멍을 낸다.
⑦ 접시에 식용유를 바른 후 균등한 크기로 빚은 반죽을 올린다.
⑧ 물을 넣은 냄비에 접시를 넣고 중간 불에서 15분간 찐다.

TIP
• 옥수숫가루에는 끈기가 없으므로 반죽이 덩어리지면 반죽을 멈춘다.
• 물의 양은 콩비지의 수분 함량에 따라 적절히 조절한다.
• 떡 위에 대추나 설탕에 절인 과일을 장식해도 좋다.

· 셰프가 알려주는 비법 ·
중식에 어울리는 반찬

비록 메인 요리보다 주목받지 못하지만 중식에서 결코 빼놓을 수 없는 간단한 반찬들은 식욕을 증진시키고 입가심하기에 좋으며 메인 요리를 더욱 돋보이게 한다.

자차이

개채芥菜의 밑동을 재료로 만든 절임으로, 영양이 풍부하고 특유의 산미와 짠맛을 가지고 있어 반찬으로 곁들이거나 볶음, 탕 등에 사용하면 개운하다.

피클

즙이 풍부하고 식감이 사각사각하며 시원한 맛이 나서 무더운 여름에 반찬으로 곁들이기 좋다. 칼슘, 인, 철분, 구연산, 비타민 등이 함유되어 있다.

삭힌 두부

붉은색, 흰색, 푸른색을 띠는 여러 제품이 있는데, 식감이 좋고 영양가가 높으며 특유의 향미가 있어 단독으로 섭취해도 좋고 요리에 곁들여도 좋다.

올리브잎절임

짙고 향긋한 기름의 풍미가 느껴져 입맛을 돋우고 소화를 촉진시킬 뿐 아니라 인체에 필요한 비타민, 미네랄 등을 함유하고 있어 영양가가 높다.

무장아찌

무와 간장을 주원료로 하는 절임 식품으로, 입맛을 돋우고 소화를 촉진시키며 기름기를 제거하는 등 위장을 깨끗하게 하는 작용을 한다.

죽순

단백질, 아미노산, 지방, 비타민 등의 영양소를 풍부하게 함유하고 있는 천연 저지방, 저칼로리 식품이지만 과도하게 섭취하면 위와 장에 부담을 준다.

버섯절임

신선한 맛을 지닌 버섯절임은 식탁 위의 좋은 반찬이다. 비빔밥에도 잘 어울리는 재료로, 맛도 좋고 영양도 풍부하다. 버섯의 종류는 매우 다양하기 때문에 영양 성분도 각각 다르지만 일반적으로 고지혈증, 비만, 심혈관 질환이 있는 사람에게 매우 적합하다.

토마토소스 콩조림

영양이 풍부하고 독특한 풍미를 지닌 식품으로, 주원료인 대두에는 다량의 불포화 지방산, 다양한 종류의 미량 원소, 섬유소 및 양질의 단백질이 함유되어 있다. 또한 대두는 철분 함량이 높고 인체에 쉽게 흡수되므로 성장 중인 아동과 철분 결핍성 빈혈을 앓고 있는 사람에게 매우 유익하다.

더우츠위豆豉魚

더우츠위는 후베이 지역의 전통 요리로, 다섯 가지 향료와 발효시킨 콩을 배합한 원료에 고추, 생강가루, 황주(중국 술) 등을 넣어 청어를 조미한 식품이다. 더우츠위는 풍미가 강하고 짭짤하여 입에 착 감기는 맛이다. 반찬 혹은 술자리의 안주로 매우 적합하여 많은 사람들에게 사랑받고 있다.

원추리무침

독특한 풍미와 풍부한 영양을 함유하고 있는 원추리는 매우 좋은 반찬이다. 탄수화물, 단백질, 지방의 3대 영양소가 각각 60퍼센트, 14퍼센트, 2퍼센트 포함되어 있으며 다른 채소보다 인 함유량이 높다. 약용으로도 사용되는 원추리는 혈청 콜레스테롤을 현저히 낮추고 고혈압 환자의 회복에 매우 유익하다.

고추 닭발

고추 닭발은 청두에서 기원된 특색 있는 음식으로, 맵싸한 맛과 탄력 있으면서도 부드러운 육질이 유명하다. 정통적인 고추 닭발은 엄선한 닭발을 우려내어 새하얗지만 매콤하면서도 깔끔한 향이 특징이다. 씹을수록 고기와 뼈의 향이 살아나며 위액의 분비와 혈액 순환을 촉진시키는 효능이 있다.

목이버섯절임

목이버섯은 인체에 매우 유익한 식재료로 널리 알려져 있다. 단백질, 지방, 다당류, 비타민, 칼슘, 인, 철분 등의 원소가 풍부하게 함유되어 있어 '버섯의 왕'이라 불린다. 또 소화 기관이 소화하지 못하는 이물질을 용해하는 데 도움을 준다. 담백한 맛이 특징인 목이버섯은 반찬으로 매우 적합하다.

혼자 즐기는
이국적 풍미

일본의 미식은 전통 문화가 많이 남아 있어 정교하면서
도 독특하다. 동남아시아의 미식은 현지의 열대 풍토가
매우 잘 융화되어 있어 맵고 열정적인 맛이다. 이국의 미
식을 맛보고 그 속에 숨겨진 신선함과 이국적인 정취를
체험해보자. 동시에 각국의 맛있는 소스를 통해 입안에
여운이 남는 미식의 매력을 느낄 수 있다.

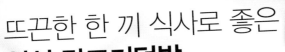

따끈한 한 끼 식사로 좋은
일식 닭고기덮밥

일식 닭고기덮밥은 조미료와 식재료를 뜨끈뜨끈한 밥 위에 얹어 먹는 요리다. 맛을 낸 국물이 밥에 스며들어 단조로웠던 밥맛을 한층 다채롭게 해준다.

재료 양파 반 개, 껍질과 뼈를 제거한 닭다리 1개, 달걀 2개, 밥 1그릇, 미림 20g, 간장 5g, 맛술 약간, 설탕 5g, 김 적당량, 물 적당량

방법
❶ 미림에 물, 간장, 맛술, 설탕을 넣어 골고루 섞는다.
❷ 냄비에 ❶과 함께 양파를 채 썰어 넣고 양파가 투명해질 때까지 중간 불에서 끓인다.
❸ 닭고기를 작은 크기로 잘라 넣고 5분간 끓인다.
❹ 달걀을 풀어 절반만 냄비에 넣는다.
❺ 뚜껑을 덮고 약한 불에서 1분간 끓인다.
❻ 남은 달걀을 전부 넣고 불을 끈 후 뚜껑을 덮어 2분간 뜸 들인다.
❼ 그릇에 밥을 담는다.
❽ 잘 익은 닭고기를 밥 위에 얹고 김을 부숴 뿌린다.

T
I
P
• 뜨거운 것이 좋은 사람은 불을 끈 후 잠시 동안만 뜸을 들인다.
• 미림과 밥의 비율을 적절히 맞추지 않고 너무 많이 넣으면 밥이 눅눅해진다.
• 양파의 자극적인 물질은 수용성이므로 양파를 썰기 전에 칼을 물에 담갔다 사용하면 눈이 덜 자극적이다.

소고기를 곁들인
일식 감자조림

고기를 곁들인 감자조림은 영양과 색채의 배합을 궁극적으로 추구하는 일본 요리의 특징이 살아
있는 요리다. 비타민과 단백질이 풍부해 우리 몸이 하루에 필요로 하는 양을 채운다.

재료 감자 1개, 당근 반 개, 세비콩 1다발, 양파 반 개, 소고기 200g, 미림 15g, 간장 10g, 설탕 10g, 맛술 2g, 소금 약간, 식용유 적당량

방법
❶ 감자는 껍질을 벗기고 작은 크기로 썬 후 각진 부분을 다듬는다.
❷ 당근은 깨끗이 씻어 적당한 크기로 썬다.
❸ 제비콩은 깨끗이 씻어놓고 양파는 채 썬다.
❹ 냄비에 식용유를 두르고 ❶, ❷, ❸을 넣어 중간 불에서 함께 볶는다.
❺ 물을 넣고 중간 불에서 더 끓인 후 약한 불로 줄이고 뚜껑을 덮는다.
❻ 감자가 익고 국물색이 노랗게 변할 때까지 끓인다.
❼ 소고기를 넣고 익히면서 거품을 걷어낸다.
❽ 간장, 미림, 설탕, 맛술, 소금을 넣고 골고루 섞은 후 불을 끈다.

TIP
• 감자의 가장자리를 다듬지 않으면 감자가 익을 때 부스러진 조각이 국물에 녹아들어 탁해진다.
• 일본식 조림은 담백하면서도 달짝지근하므로 간장과 설탕의 비율을 1:1로 한다.
• 소고기는 시간을 잘 조절하지 않으면 질겨지므로 너무 오래 익히지 않는다.

달콤한 밤 향이 가득한
일식 밤밥

간단한 식재료라고 얕잡아 봐서는 안 된다. 밤의 달콤한 향에 가쓰오부시의 맛이 더해져 밥이 더욱 향기로워지고 영양도 풍부해진다.

밤 3알, 가쓰오부시 1줌, 쌀 120g, 검은깨 약간, 간장 5g, 물 적당량

방법
① 밤은 껍데기를 벗겨 작은 크기로 썬다.
② 냄비에 밤을 넣고 센 불에서 5분간 삶은 후 건진다.
③ 그릇에 가쓰오부시 한 줌을 넣고 뜨거운 물을 붓는다.
④ 뜨거운 물에 가쓰오부시를 5분간 담가둔다.
⑤ 거름망으로 걸러 가쓰오부시를 제거하고 우려낸 물만 남긴다.
⑥ 쌀은 깨끗이 씻어 전기밥솥에 넣는다.
⑦ 씻은 쌀에 가쓰오부시를 우려낸 물을 붓고 밤을 넣는다.
⑧ 간장을 넣고 골고루 저은 후 취사 버튼을 누른다. 밥이 다되면 검은깨를 뿌린다.

T I P
• 밤은 잘 익지 않으므로 먼저 냄비에 삶아야 한다.
• 가쓰오부시는 매우 가벼워 중량을 잴 수 없지만 한 줌 분량은 대체로 손바닥 하나 정도.
• 가쓰오부시를 우려낸 물로 밥을 지으면 가쓰오부시의 향이 은은하게 난다.

해산물로 맛을 낸
미소 우동

우동에는 지방이 거의 함유되어 있지 않은 대신 양질의 탄수화물이 함유되어 있다. 각종 해산물과 국물이 어우러져 간단하면서도 맛 좋은 일본의 면 요리 중 하나다.

재료 새우 5마리, 오징어 1마리, 우동 1인분, 게맛살 2개, 상추 2장, 미소 된장 50g, 소금 약간, 식용유 약간, 물 적당량

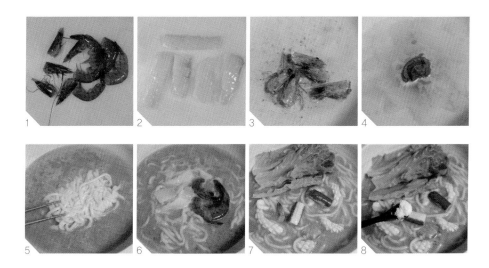

 방법

① 새우는 깨끗이 씻어 손질하고 머리를 자른다.

② 오징어는 적당한 크기로 자르고 칼집을 낸다.

③ 냄비에 식용유를 두르고 새우 머리를 넣어 고소한 냄새가 날 때까지 볶는다.

④ 새우 머리로 맛을 낸 기름에 물을 부은 후 미소 된장을 넣고 끓인다.

⑤ 미소 된장국에 우동을 넣고 면이 흩어질 때까지 약한 불에서 끓인다.

⑥ 새우와 오징어를 넣고 익을 때까지 더 끓인다.

⑦ 게맛살과 상추를 넣고 불을 끈다.

⑧ 소금을 넣고 잘 섞는다.

 TIP

• 새우 머리로 맛을 낸 기름은 국물에 더욱 신선한 향을 더한다.

• 우동을 삶을 때는 면발을 젓가락으로 가볍게 풀어준다.

• 새우를 손질할 때는 꼬리에서 2~3번째 마디를 이쑤시개로 쑤시면 쉽게 내장을 제거할 수 있다.

부드럽고 담백한 맛
일식 달걀찜

우아한 윤기가 돌고 담백한 맛이 나는 일식 달걀찜은 달걀의 매끄러운 식감에 해산물의 신선함
이 더해져 양질의 단백질을 보충해주는 건강식이다.

달걀 4개, 김 약간, 표고버섯 2개, 새우 4마리, 게맛살 반 개, 파 약간, 소금 약간, 맛술 2큰술, 물 적당량

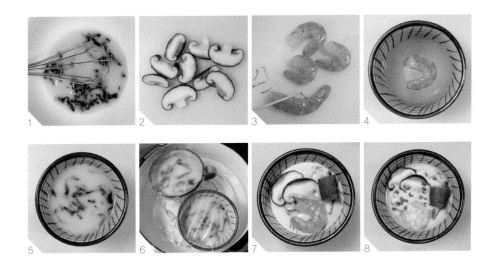

방법

❶ 달걀에 물, 김, 소금을 넣고 거품기로 가볍게 섞는다.

❷ 표고버섯은 깨끗이 씻어 얇게 썬다.

❸ 새우는 껍질을 벗겨 머리와 내장을 제거한 후 맛술과 소금에 5분간 재운다.

❹ 그릇에 손질한 새우 한 마리를 넣는다.

❺ 달걀물을 그릇의 8할 정도 붓는다.

❻ 그릇에 랩을 씌운 후 물을 넣은 냄비에 넣고 중간 불에서 8분간 찐다.

❼ 나머지 새우와 표고버섯, 게맛살을 넣고 중간 불에서 5분간 더 찐다.

❽ 냄비에서 그릇을 꺼낸 후 파를 잘게 다져 뿌린다.

T I P
• 달걀을 섞을 때는 거품이 생겨 미관에 영향을 주지 않도록 가볍게 섞어야 한다.
• 랩을 씌우는 이유는 수증기가 달걀찜으로 떨어져 표면이 울퉁불퉁해지는 것을 방지하기 위해서다.
• 새우를 손질할 때는 꼬리에서 2~3번째 마디를 이쑤시개로 쑤시면 쉽게 내장을 제거할 수 있다.

레몬그라스를 곁들인
태국식 돼지목살구이

레스토랑에서 자주 먹을 수 있는 태국식 요리를 집에서도 간단하게 조리해 섬세하고 맛있는 성찬을 차릴 수 있다.

재료 돼지목살 500g, 레몬그라스 2개, 레몬잎 3장, 생강 2조각, 홍고추 2개, 피시소스 50g, 설탕 10g, 간장 5g

방법 ❶ 레몬그라스를 잘게 자른다.

❷ 레몬잎은 깨끗이 씻어놓고 생강은 채 썰고 홍고추는 적당한 크기로 자른다.

❸ 피시소스에 설탕과 간장을 넣어 잘 섞는다.

❹ 이어서 ❶과 ❷를 넣어 양념을 만든다.

❺ 양념에 돼지목살을 넣고 30분간 재운다.

❻ 오븐 플레이트에 은박지를 깔고 돼지고기와 양념을 함께 붓는다.

❼ 오븐에 넣고 180도에서 20분간 굽는다.

❽ 오븐에서 꺼내 한 번 뒤집어 10분간 더 구운 후 살짝 식으면 잘라 먹는다.

T I P
• 피시소스는 시중에 판매되고 있는 다양한 제품 가운데 취향에 맞게 골라 사용한다.
• 돼지목살을 재울 때 양념이 너무 많으면 짤 수 있으므로 주의한다.
• 뒤집어서 다시 오븐에 넣어 구울 때 양념을 한 번 더 바른다.
• 양념을 만들 때 레몬잎을 넣으면 느끼함을 없애고 식욕을 돋운다.

입맛을 돋우는
태국식 볶음 쌀국수

태국을 여행하는 여행객들에게 볶음 쌀국수는 매우 인기 있는 현지 미식 중 하나다. 주로 동남아
시아에서 즐겨 먹는 쌀국수는 지역마다 다양한 조리법으로 개발되었는데, 태국식 쌀국수 또한
독자적인 특색을 지닌 매력적인 음식이다.

재료 쌀국수 200g, 새우 80g, 어묵 100g, 달걀 1개, 다진 마늘 적당량, 간장 적당량, 피시소스 20g, 설탕 5g, 숙주 약간, 쪽파 약간, 레몬 반 개, 땅콩가루 약간, 식용유 적당량

방법

❶ 끓는 물에 쌀국수를 삶은 후 물기를 제거한다.

❷ 냄비에 식용유를 두른 후 다진 마늘을 넣고 볶는다.

❸ 새우와 어묵을 넣고 익을 때까지 함께 볶는다.

❹ 냄비 가장자리에 새우와 어묵을 놓고 남은 공간에 달걀을 깬다.

❺ 달걀이 적당히 굳으면 소금을 넣고 새우와 어묵을 섞어 함께 볶는다.

❻ 물기를 제거한 쌀국수를 넣는다.

❼ 간장, 피시소스, 설탕을 넣고 젓가락으로 저어가며 골고루 섞는다.

❽ 숙주와 쪽파를 넣고 레몬즙을 짠 후 그릇에 담아 땅콩가루를 뿌린다.

TIP

• 개인의 기호에 따라 조미료의 양을 조절한다.

• 불의 세기와 시간에 주의하며 중간 불이나 약한 불에서 볶는다.

• 주걱으로 쌀국수를 볶으면 면이 끊어질 수 있으므로 젓가락으로 저어가며 볶는다.

새우와 오징어를 넣은
태국식 당면 샐러드

새우와 오징어는 풍부한 영양 성분이 함유되어 있고 우리 몸에 양질의 단백질을 공급한다. 또 새우에 들어 있는 마그네슘은 심장의 활동을 조절하는 작용을 한다.

방법
① 당면은 뜨거운 물에 불린 후 끓는 물에 3분간 삶는다.
② 삶은 당면은 물기를 뺀 후 그릇에 담는다.
③ 양파와 붉은 파프리카는 길게 채 썰고 토마토는 작은 크기로 썬다.
④ 새우는 껍질을 벗기고 내장을 제거한 후 등 부분에 살짝 칼집을 넣는다.
⑤ 오징어는 작은 크기로 썬 후 끓는 물에 새우와 함께 넣고 살짝 데친다.
⑥ 간장에 피시소스, 설탕, 맛술을 넣고 골고루 섞는다.
⑦ 당면에 ③, ⑤, ⑥을 넣고 골고루 버무린다.
⑧ 라임과 민트를 넣고 후춧가루를 뿌린 후 냉장고에 30분간 넣어둔다.

TIP
• 당면은 금방 익으므로 너무 오래 삶지 않는다.
• 삶은 당면은 찬물에 한 번 헹구면 더욱 탄력이 생긴다.
• 매운맛을 원하는 사람은 고춧가루를 뿌린다.

레몬그라스와 코코넛밀크를 넣은
똠양꿍

세계 10대 수프 중 하나인 똠양꿍은 태국을 대표하는 요리다. 선명한 붉은색의 수프는 맛이 농후하며 새콤달콤하다.

재료 토마토 1개, 양송이버섯 5개, 새우 5마리, 코코넛밀크 200g, 레몬그라스 반 줄기, 생강 3조각, 홍고추 1개, 레몬잎 4장, 라임 1개, 피시소스 10g, 똠양꿍소스 50g, 물 적당량

 방법

❶ 레몬그라스와 홍고추는 적당한 길이로 자르고 생강은 껍질을 벗겨 얇게 썰고 토마토는 적당한 크기로 썬다.

❷ 양송이버섯을 깨끗이 씻어 얇게 썬다.

❸ 냄비에 물을 넣고 ❶과 레몬잎을 넣는다.

❹ 똠양꿍소스를 붓고 중간 불에서 5분간 끓인다.

❺ 국물에 손질한 새우를 넣고 센 불에서 계속 끓인다.

❻ 양송이버섯을 넣고 크기가 줄어들 때까지 더 끓인다.

❼ 코코넛밀크를 넣고 골고루 섞은 후 불을 끈다.

❽ 피시소스를 넣고 라임즙을 짜서 넣는다.

TIP

- 똠양꿍소스는 시중에 판매되고 있는 다양한 제품 가운데 취향에 맞게 골라 사용한다.
- 국물에 소금을 넣는 대신 피시소스로 간을 한다.
- 국물에 라임의 껍질이나 씨가 들어가면 쓴맛이 나므로 주의한다.
- 새우를 손질할 때는 꼬리에서 2~3번째 마디를 이쑤시개로 쑤시면 쉽게 내장을 제거할 수 있다.

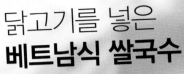

닭고기를 넣은
베트남식 쌀국수

유명한 베트남 쌀국수는 베트남 길거리에서 쉽게 맛볼 수 있는 음식이다. 현지 사람들은 면에 레몬즙을 몇 방울 넣어서 신선한 쌀국수에 향을 더하는 것을 좋아한다.

홍고추 2개, 닭고기 100g, 쌀국수 200g, 파 2뿌리, 고수 2줄기, 피시소스 20g, 레몬즙 5g, 설탕 5g, 소금 약간, 물 적당량

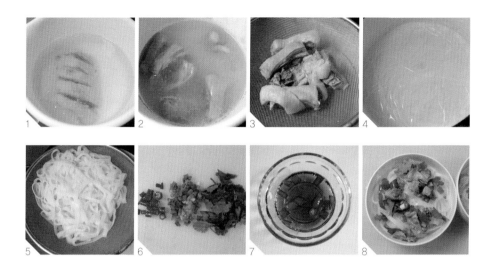

방법

❶ 냄비에 물을 넣고 닭고기를 넣는다.

❷ 국물이 황금색이 될 때까지 닭고기를 푹 삶는다.

❸ 닭고기를 건져내 식힌 후 작은 조각으로 찢는다.

❹ 끓는 물에 쌀국수를 삶는다.

❺ 삶은 쌀국수를 건져내 물기를 뺀다.

❻ 홍고추는 작은 크기로 자르고 파와 고수는 잘게 다진다.

❼ 피시소스에 레몬즙과 설탕, 홍고추를 넣고 골고루 섞은 후 닭고기 끓인 물에 소금과 함께 넣어 골고루 섞는다.

❽ 그릇에 삶은 쌀국수를 담고 파와 고수를 뿌린 후 국물을 붓는다.

T I P

• 개인의 기호에 따라 민트를 첨가해도 좋다.

• 쌀국수에 신선한 레몬즙이나 라임즙을 더하면 상큼한 향과 맛이 더욱 살아난다.

• 쌀국수를 너무 오랫동안 삶으면 면이 뭉그러지므로 주의한다.

새우로 신선한 맛을 살린
월남쌈

라이스페이퍼에 각종 채소와 고기를 넣어 쌈을 싸 먹는 월남쌈은 중국의 춘권과 비슷하지만 기름에 튀기지 않아 더 건강한 요리이다. 만드는 방법이 간단해 한 번쯤 시도해볼 만하다.

새우 8마리, 달걀 1개, 상추 4장, 오이 약간, 당근 약간, 라이스페이퍼 4장, 피시소스 약간, 라임 약간

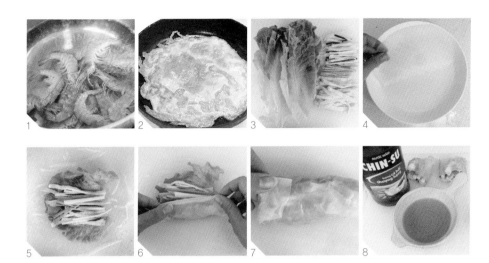

방법

1. 새우는 내장을 제거하고 생강을 넣은 물에 데친 후 껍질을 벗긴다.
2. 프라이팬에 식용유를 두르고 달걀을 풀어 부친다.
3. 상추는 깨끗이 씻고 오이, 당근, 달걀은 채 썬다.
4. 라이스페이퍼를 따뜻한 물에 불린다.
5. 라이스페이퍼에 새우 2마리를 올린 후 상추를 깔고 채 썬 오이, 당근, 달걀을 올린다.
6. 가장자리부터 말기 시작한다.
7. 라이스페이퍼의 양쪽 가장자리를 말아 접은 후 반으로 잘라 접시에 담는다.
8. 피시소스와 라임을 섞어 7을 찍어 먹는다.

TIP

- 라이스페이퍼는 찢어지기 쉽기 때문에 불릴 때 물이 너무 뜨거우면 안 되고 오래 담가두어도 안 된다.
- 완성된 월남쌈은 바로 먹지 않을 경우 랩에 싸서 건조해지는 것을 막는다.
- 월남쌈이 건조해졌다면 라이스페이퍼 겉에 물을 바른다.

바게트 속을 가득 채운
베트남식 샌드위치

프랑스의 바게트에 베트남의 특색이 어우러진 요리다. 바게트는 영양이 풍부한 전통 프랑스식
빵으로 표면은 바삭바삭하지만 농후한 밀의 맛을 느낄 수 있다.

재료   바게트 1개, 베이컨 2조각, 달걀 1개, 오이 반 개, 피파야 피클 2조각, 베트남식 핫소스 약간

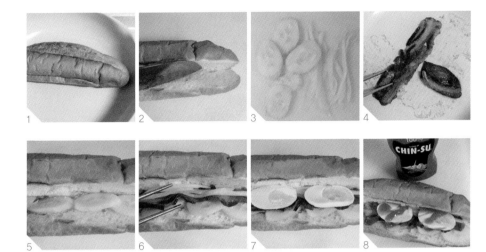

 방법

❶ 냄비에 바게트를 넣어 살짝 가열하면 표면이 더욱 바삭바삭해진다.

❷ 바게트를 반으로 자른다.

❸ 오이는 껍질을 벗겨 얇게 썰고 파파야 피클은 채 썬다.

❹ 냄비에 베이컨을 넣고 가장자리가 살짝 바삭해질 때까지 익힌다.

❺ 바게트에 얇게 썬 오이를 넣는다.

❻ 이어서 베이컨과 파파야 피클을 넣는다.

❼ 달걀은 삶은 후 반으로 잘라 넣는다.

❽ 베트남식 핫소스를 뿌려 먹는다.

T I P

• 바게트는 오븐에 한 번 구워도 좋다.

• 오이 껍질은 개인의 취향에 따라 벗겨도 되고 벗기지 않아도 된다.

• 매운 것을 잘 못 먹는 사람은 핫소스 대신 입맛에 맞는 소스를 뿌려도 좋다.

코코넛밀크를 넣은
싱가포르식 락사

락사는 싱가포르뿐 아니라 말레이시아 문화를 대표하는 전통적인 요리다. 특색 있는 조미료로
국물의 맛을 내는 조리법에 중국의 문화가 혼합되어 있다.

새우 4마리, 숙주 1줌, 어묵 완자 3개, 유부 3개, 오이 1조각, 홍고추 2개, 쌀국수 200g, 삶은 달걀 1개, 코코넛밀크 150g, 락사소스 30g, 물 적당량

방법
❶ 새우는 내장을 제거한 후 냄비에 락사소스와 함께 넣고 볶는다.
❷ 새우의 색이 변할 때까지 볶아 락사소스의 풍미를 더한다.
❸ 새우를 볶던 냄비에 코코넛밀크와 물을 넣고 잘 섞은 후 중간 불에서 5분간 끓인다.
❹ 국물에 숙주, 어묵 완자, 유부를 넣고 끓인 후 익으면 건져낸다.
❺ 오이는 채 썰고 홍고추는 어슷썰기 한다.
❻ 끓는 물에 쌀국수를 넣고 삶은 후 건져내 그릇에 담는다.
❼ 삶은 국수 위에 ❹와 ❺를 넣고 삶은 달걀을 반으로 잘라 올린다.
❽ 끓인 락사 국물과 새우를 붓는다.

TIP
· 락사소스는 시중에 판매되고 있는 다양한 제품 가운데 취향에 맞게 골라 사용한다.
· 새우와 락사소스를 끓는 기름에 살짝 볶아 국물로 사용하면 더욱 향기롭고 진한 맛이 난다.
· 쌀국수는 굵은 면의 식감이 더 좋다.
· 새우를 손질할 때는 꼬리에서 2~3번째 마디를 이쑤시개로 쑤시면 쉽게 내장을 제거할 수 있다.

나라마다 문화나 기후적 특색에 따라 식재료를 처리하는 방법이 모두 다르다. 또한 요리에 사용되는 조미료도 지역과 풍토에 따라 다양하며 수많은 변화를 거쳐왔다.

와인 비니거

포도를 양조하여 만든 과일 식초로 새콤하고 달콤한 맛과 포도 향을 지니고 있어 샐러드 등에 자주 사용된다. 일반 식초와 다소 다른 맛이다.

피시소스

짭짤하면서도 신선한 맛을 지니고 있으며 풍미가 독특하다. 베트남, 태국 같은 동남아시아 지역에서 해산물 요리 등을 조미할 때 사용한다.

토마토케첩

토마토를 가공해 만든 소스로 윤기가 감도는 짙은 붉은색을 띠고 있으며 새콤달콤한 맛이 난다. 있는 그대로도 먹지만 요리에도 많이 사용된다.

머스터드소스

강렬하고 자극적이면서도 상큼한 맛의 소스로 중식에 사용되는 겨자소스, 일식에 사용되는 고추냉이, 프랑스식에 사용되는 머스터드소스가 있다.

마요네즈

달걀노른자의 농후한 향미를 지니고 있으며 다른 소스와 함께 사용하면 다양한 맛의 샐러드를 만들 수 있다. 각종 채소 및 과일 샐러드에 잘 어울린다.

카레

여러 향신료를 배합한 조미료로 흔히 짙은 황색을 띤다. 독특한 향, 매운맛, 약간의 씁쓸한 맛으로 서양과 아시아 등에서 광범위하게 사용된다.

치즈와 버터

치즈와 버터는 모두 우유로 만든 제품이다. 치즈는 신선한 우유를 섞은 후 상층의 걸쭉한 물질을 걸러내 수분을 제거하고 발효시켜 만든다. 그러나 버터는 어느 정도 수분을 함유하고 있지만 유당은 없으며 단백질 함량이 매우 낮다.

레몬

레몬의 원산지는 동남아시아로 동남아시아뿐 아니라 서양과 아메리카의 국가에서 조리할 때 많이 사용한다. 즙을 짜서 음식에 뿌리면 식재료의 신선도와 향미를 높일 수 있으며 동시에 비린내도 제거할 수 있다.

바질

이탈리아 요리에서 자주 볼 수 있는 바질은 마늘과 토마토에 곁들이면 독특한 맛을 내고 식욕을 증진시킨다. 또한 요리의 맛을 더하고 비린내를 제거하는 효과가 있다. 생 또는 말린 바질 모두 사용할 수 있다.

로즈마리

서양 요리에서 자주 사용되는 로즈마리는 스테이크, 감자 등에 곁들이면 요리의 맛을 더한다. 청량한 소나무의 향을 가지고 있으며 달콤하면서도 약간 씁쓸한 맛이 난다. 풍미가 독특하고 농후한 식품이다.

레몬그라스

레몬의 상쾌한 향을 지니고 있기 때문에 레몬그라스라 불린다. 네덜란드에서는 생선 요리를 할 때 비린내를 제거하기 위해 레몬그라스를 자주 사용한다. 또한 태국에서는 레몬그라스를 이용해 매콤하고 신맛이 나는 해산물 수프나 똠양꿍을 만든다.

후추

후추나무의 과육을 건조시킨 후 검게 변하면 갈아서 후춧가루를 만든다. 과육의 껍질을 벗기고 갈면 백색 후춧가루가 된다. 분말로 만들어 요리에 사용하면 맵고 자극적인 향과 맛이 난다. 서양 요리의 조미료로 자주 사용된다.

혼자 즐기는 든든한 건강식

사람의 몸은 식사를 통해 하루에 필요한 에너지와 각종 영양소를 흡수한다. 따라서 나 자신을 위한 요리를 할 때는 만복감뿐 아니라 영양학적인 면도 소홀히 해서는 안 된다. 합리적인 식재료의 배합과 정확한 조리법을 통해 어떻게 하면 식재료의 영양 성분을 보존하고 몸에 좋은 음식을 섭취할 수 있는지 알아야 한다. 이로써 우리는 혼자서도 간단하게 건강한 식사를 즐길 수 있을 것이다.

오크라를 곁들인
닭가슴살말이

닭가슴살은 단백질 함량이 높고 지방 함량이 낮다. 오크라는 소화를 돕고 간을 보호하며 탄수화물이 혈액에 흡수되는 속도를 늦추므로 건강에 매우 좋은 식품이다.

재료) 오크라 200g, 닭가슴살 1개, 갈분 약간, 간장 약간, 흑후춧가루 약간, 소금 적당량

 방법)
1. 닭가슴살을 얇게 썬다.
2. 오크라는 깨끗이 씻어 꼭지를 딴다.
3. 끓는 물에 소금 적당량을 넣는다.
4. 소금물에 오크라를 넣고 센 불에서 1분간 데친다.
5. 오크라를 건져내 차가운 물에 식힌다.
6. 닭가슴살에 갈분을 묻히고 간장으로 간을 한다.
7. 닭가슴살로 오크라를 만다.
8. 프라이팬에 닭가슴살이 겹쳐진 부분이 바닥에 닿게 7을 올리고 노릇노릇해질 때까지 구운 후 오븐에 넣어 200도에서 10분간 더 굽는다. 오븐에서 꺼내 흑후춧가루를 뿌린다.

T
I
P
- 오크라는 성질이 차가운 채소에 속하기 때문에 위장이 차거나 약한 사람은 설사를 유발할 수 있으므로 너무 많이 먹지 않도록 한다.
- 끓는 물에 소금을 넣어 오크라를 데치면 더욱 깨끗하고 식감이 좋아진다.
- 닭고기에 갈분을 뿌리면 조리할 때 부드러운 육질을 유지할 수 있다.

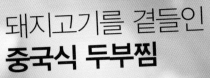

돼지고기를 곁들인
중국식 두부찜

두부는 풍부한 단백질을 함유하고 있으며 칼슘을 보충해준다. 두부의 조리법은 데침, 볶음, 탕 등 여러 가지가 있는데, 그중에서도 찜은 간단하면서도 신속하게 만들 수 있는 요리이며 맛도 좋다.

연두부 1모, 돼지고기 100g, 생강 약간, 갈분 1작은술, 간장 약간, 파 약간

방법

❶ 파와 생강은 잘게 다지고 돼지고기는 갈아놓는다.

❷ 연두부를 작은 덩이로 잘라 그릇에 담는다.

❸ 갈아놓은 돼지고기에 갈분을 넣는다.

❹ 이어서 다진 생강과 간장을 넣어 조미를 하는 동시에 색을 입힌다.

❺ 두부 위에 잘 섞은 돼지고기를 올리고 골고루 펴준다.

❻ 물을 넣은 냄비에 그릇을 넣고 센 불에서 3분간 찐 후 다진 파를 뿌린다.

TIP

• 두부를 자르기 전에 칼을 물에 담갔다 사용하면 쉽게 자를 수 있다.

• 돼지고기에 갈분을 섞으면 육질이 더욱 부드러워지지만 너무 많이 넣으면 끈적끈적하다.

• 두부는 가열을 거친 식품이기 때문에 조리할 때 장시간 찌지 않도록 한다.

참마와 율무를 넣은
돼지갈비탕

참마는 원기를 더하고 율무는 수분 대사를 촉진하는 식품이다. 흔히 볼 수 있는 두 재료를 이용해
탕을 만들면 몸에 매우 좋은 보양식이 된다.

돼지갈비 500g, 참마 400g, 율무 50g, 생강 2조각, 소금 적당량, 물 적당량

❶ 율무는 깨끗이 씻어 물에 30분간 불린다.

❷ 참마는 깨끗이 씻어 껍질을 벗기고 적당한 크기로 자른다.

❸ 소금을 넣은 물에 참마를 30분간 담가둔다.

❹ 소금물에 담근 참마는 건져내 깨끗이 씻는다.

❺ 끓는 물에 돼지갈비를 넣고 센 불에서 1분간 삶는다.

❻ 삶은 돼지갈비를 꺼내고 국물 표면의 거품을 걷어낸다.

❼ 냄비에 모든 재료를 넣고 센 불에서 끓이다 약한 불에서 80분간 졸인 후 소금으로 간을 한다.

TIP

• 국물의 양은 식재료의 양과 가지고 있는 냄비의 크기 등에 따라 적절히 조절한다.

• 물은 한 번에 필요한 양을 붓고, 만약 탕을 끓이는 도중에 물을 더 넣어야 한다면 끓는 물을 붓는다.

• 참마를 소금물에 담가놓으면 표면의 점액질이 제거된다.

약재를 넣고 우린
돼지등갈비탕

돼지등갈비탕은 부드러운 고기와 농후한 국물을 함께 즐길 수 있는 든든한 요리다. 다양한 종류
의 재료와 약재를 사용하므로 고기와 국물에서 깊은 약재의 맛을 느낄 수 있다.

재료 돼지등갈비 3개, 팔각 5개, 고욤 3개, 구기자 8개, 둥굴레 2개, 인삼 2개, 당귀 2개, 계피 2개, 소금 약간, 흑후춧가루 적당량, 물 적당량

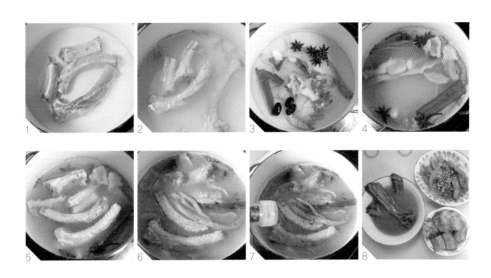

방법
① 냄비에 돼지등갈비와 물을 넣고 센 불에서 끓인 후 약한 불로 줄인다.
② 10분간 더 끓인 후 돼지등갈비를 꺼내고 국물의 거품을 걷어낸다.
③ 냄비에 팔각, 고욤, 구기자, 둥굴레, 인삼, 당귀, 계피를 넣는다.
④ 약한 불에서 30분간 끓인다.
⑤ 냄비에 돼지등갈비를 넣는다.
⑥ 약한 불에서 30분간 더 끓인다.
⑦ 고기가 연해지면 소금과 흑후춧가루를 뿌리고 불을 끈다.
⑧ 그릇에 돼지등갈비탕을 담고 기호에 따라 상추와 유탸오를 곁들인다.

T I P
• 돼지등갈비를 다시 냄비에 넣을 때 국물에 거품이 남아 있으면 먼저 걷어낸다.
• 돼지등갈비를 먹을 때는 고추와 간장을 곁들여 찍어 먹는다.
• 돼지등갈비는 약한 불에서 오랫동안 끓여야 육질이 부드러워진다.

아스파라거스를 곁들인
아보카도 파스타

파스타에 과일을 넣으면 보기도 좋고 맛도 좋다. 특히 아보카도는 요리의 영양가를 더욱 높여준다.

재료   아보카도 1개, 파스타 100g, 아스파라거스 2개, 우유 25g, 크림 30g, 올리브유 2방울, 파슬리가루 약간, 소금 약간, 레몬즙 약간

방법
1. 아보카도를 반으로 잘라 씨를 제거한다.
2. 아보카도 과육을 파낸 후 레몬즙을 몇 방울 넣고 숟가락으로 으깬다.
3. 으깬 아보카도에 우유와 크림을 넣고 잘 섞는다.
4. 끓는 물에 올리브유와 소금을 넣고 파스타를 삶는다.
5. 파스타를 중간 불에서 8분간 삶은 후 아스파라거스를 썰어 넣고 2분간 더 삶는다.
6. 불을 끄고 파스타를 건져내 물기를 뺀 후 ❸과 골고루 섞는다.
7. 소금으로 간을 한다.
8. 그릇에 파스타를 담고 아스파라거스를 올린 후 파슬리가루를 뿌린다.

TIP
- 파스타는 종류에 따라 삶는 시간이 다르므로 포장지에 표기된 시간을 따른다.
- 물이 끓으면 냄비 가운데에 파스타를 수직으로 넣은 후 방사형으로 흩뜨린다.
- 파스타를 삶을 때는 물을 팔팔 끓여야 면에 탄력이 생긴다.

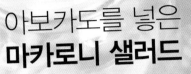

아보카도를 넣은
마카로니 샐러드

아보카도를 재료로 한 마카로니 샐러드는 영양가가 높고 지방이 풍부하게 함유되어 있어 부드러운 향으로 사람을 유혹하는 특별한 음식이다.

마카로니 80g, 베이컨 1장, 새우 적당량, 달걀 1개, 아보카도 반 개, 마요네즈 적당량, 후춧가루 약간, 파슬리가루 약간, 레몬즙 약간

방법

❶ 끓는 물에 마카로니를 넣고 삶는다.

❷ 마카로니가 다 익으면 건져내 물기를 빼고 식힌다.

❸ 프라이팬에 베이컨을 구운 후 새우도 익힌다.

❹ 달걀을 삶은 후 껍질을 벗겨 작은 조각으로 썬다.

❺ 아보카도는 씨를 제거한 후 네모나게 썬다.

❻ 그릇에 마카로니, 베이컨, 새우, 달걀, 아보카도를 넣고 골고루 버무린다.

❼ 마요네즈를 뿌린 후 후춧가루와 파슬리가루를 뿌린다.

❽ 레몬즙을 뿌린다.

TIP

- 마카로니는 8분간 삶아야 적당하다.
- 베이컨과 새우는 익는 시간이 다르므로 따로 조리하는 것이 좋다.
- 레몬즙은 아보카도의 산화를 방지하고 맛을 더한다.

몸과 마음을 따뜻하게 하는
보르시치

보르시치는 우크라이나, 러시아, 폴란드 등 동유럽 국가에서 흔히 볼 수 있는 수프로, 중국에는 뤄쑹탕이라는 이름으로 전해져 현지화되기도 했다. 산미가 있으면서도 달콤한 맛이 특색이다.

재료　당근 반 개, 감자 반 개, 양파 반 개, 토마토 1개, 양배추 2장, 버터 약간, 토마토케첩 3큰술, 소금 약간, 후춧가루 약간, 물 적당량

방법
① 당근과 감자는 깨끗이 씻어 적당한 크기로 썬다.
② 양파는 채 썬다.
③ 끓는 물에 토마토를 살짝 데친 후 껍질을 벗기고 적당한 크기로 썬다.
④ 냄비에 버터를 녹인 후 양파를 넣어 투명하고 노릇노릇해질 때까지 볶는다.
⑤ 이어서 당근, 감자, 토마토를 넣어 함께 볶는다.
⑥ 볶은 채소에 물을 붓고 뚜껑을 덮어 10분간 끓인다.
⑦ 불을 끄기 전에 양배추를 넣어 양배추가 흐물흐물해지지 않게 한다.
⑧ 토마토케첩, 소금, 후춧가루를 넣고 잘 섞는다.

TIP
• 버터를 넣으면 국물이 더욱 향기롭고 농후해진다.
• 매운맛을 원하는 사람은 수프에 핫소스를 넣는다.
• 냄비에 양파를 먼저 넣고 볶으면 향미가 더욱 살아난다.

기력 보충에 좋은
돼지간 국수

돼지간은 풍부한 영양 성분을 함유하고 있어 몸을 건강하게 만드는 가장 이상적인 보신 음식 중 하나다. 돼지간을 넣어 끓인 국수는 아침 식사로 적합하며 간과 눈을 좋게 하고 기를 보충한다.

쌀국수 80g, 돼지간 100g, 목이버섯 1줌, 수세미외 반 개, 토마토 1개, 생강 2조각, 맛술 10g, 소금 약간, 식용유 약간, 물 적당량

 방법

❶ 목이버섯은 물에 불린 후 깨끗이 씻는다.

❷ 돼지간을 적당한 크기로 썰어 맛술과 생강에 10분간 재운다.

❸ 토마토, 수세미외 등 곁들일 채소를 적당한 크기로 썰어 준비한다.

❹ 끓는 물에 생강과 돼지간을 10분간 삶은 후 건져내 물기를 제거한다.

❺ 끓는 물에 쌀국수를 체에 받쳐 젓가락으로 골고루 저어가며 삶는다.

❻ 냄비에 식용유를 두른 후 토마토, 수세미외, 목이버섯을 넣고 토마토즙이 나올 때까지 센 불에서 볶는다.

❼ 삶은 돼지간과 소금을 넣고 한 번 더 볶은 후 불을 끈다.

❽ 그릇에 삶은 쌀국수를 담고 ❼을 올린다.

T
I
P

• 돼지간을 재울 때 맛술을 넉넉하게 넣으면 비린내를 제거할 수 있다.

• 돼지간은 반드시 제대로 익혀 먹어야 설사 등을 방지할 수 있다.

• 쌀국수는 너무 오래 삶으면 면이 끊어진다.

최고의 보양식
돼지간죽

돼지간죽은 매우 좋은 보양식으로 남녀노소에게 모두 유익하다. 특히 눈을 보호하고 체내의 독소
를 배출해주기 때문에 컴퓨터 앞에 오래 앉아 있는 사람이나 술을 좋아하는 사람에게 적합하다.

재료 흰죽 1그릇, 돼지간 200g, 생강 5조각, 우유 20g, 샐러리 1줄기, 구기자 5알, 소금 약간, 후춧가루 약간

방법
① 돼지간을 깨끗이 씻어 적당한 크기로 썬다.
② 돼지간에 생강을 얇게 썰어 넣는다.
③ 이어서 우유를 부어 골고루 주무른 후 20분간 재운다.
④ 샐러리를 깨끗이 씻어 잘게 썬다.
⑤ 끓는 물에 돼지간을 넣고 핏물이 빠질 때까지 삶은 후 건진다.
⑥ 흰죽에 삶은 돼지간, 샐러리, 구기자를 넣고 5분간 끓인다.
⑦ 불을 끈 후 소금과 후추를 뿌려 골고루 섞는다.

T I P
· 돼지간을 재울 때 우유를 사용하면 비린내가 제거될 뿐 아니라 돼지간의 맛이 더욱 살아나고 부드러워진다.
· 시간이 충분할 경우 질그릇에 죽을 끓이면 더욱 맛있다.
· 반드시 끓는 물에 돼지간을 익히고 표면의 거품을 제거해야 한다.

고량주로 맛을 더한
땅콩 족발탕

돼지족발에 함유된 다량의 콜라겐은 조리하는 과정에서 젤라틴으로 변한다. 젤라틴은 피부의 수분 저장 기능을 개선시키고 윤기를 더해주며 주름을 없애는 효과가 있다.

돼지족발 1개, 땅콩 200g, 생강 2조각, 고량주 1큰술, 소금 적당량, 물 적당량

방법 ❶ 땅콩은 물에 1시간 불린다.
❷ 돼지족발은 작은 조각으로 자르고 기호에 따라 구기자와 파를 준비한다.
❸ 끓는 물에 돼지족발을 넣고 센 불에서 1시간 정도 삶은 후 건진다.
❹ 삶은 족발을 깨끗이 씻어 표면의 거품을 제거한다.
❺ 냄비에 삶은 족발과 불린 땅콩, 생강 등을 넣는다.
❻ 물 적당량을 넣는다.
❼ 고량주를 1큰술 넣는다.
❽ 센 불에서 한 번 끓이고 약한 불로 줄여 2시간 동안 졸인 후 소금으로 간을 한다.

T
I
P

• 땅콩은 미리 불려놓아야 쉽게 삶아진다.
• 돼지족발은 뒷발보다 영양이 풍부하고 지방이 적으며 맛도 좋은 앞발을 구입할 것을 추천한다.
• 고량주를 넣는 이유는 맛을 더하기 위해서일 뿐 아니라 인체의 지방 흡수량을 줄이기 위해서이기도 하다.

연어 머리로 맛을 낸
야자수프

생선으로 수프를 만들 때는 먼저 생선을 기름에 구운 후 물을 붓고 끓이면 우유처럼 순백의 매끄러운 국물을 얻을 수 있다. 이렇게 조리한 수프는 맛이 담백하고 영양가도 풍부하다.

재료 야자 과육 50g, 연어 머리 1개, 연두부 100g, 고수 10g, 맛술 적당량, 소금 적당량, 식용유 적당량, 물 적당량

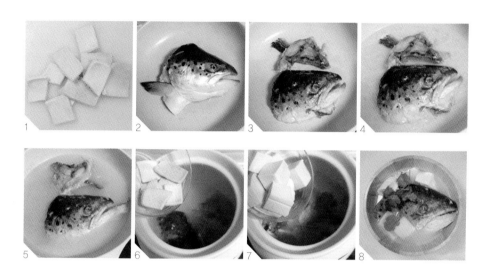

방법

① 야자 과육을 얇게 썬다.

② 냄비에 식용유를 두르고 연어 머리를 넣은 후 중간 불에서 굽는다.

③ 한쪽 면을 굽고 뒤집어서 반대쪽도 굽는다.

④ 표면이 노릇노릇해질 때까지 구운 후 물을 붓는다.

⑤ 국물이 백색이 될 때까지 센 불에서 끓인다.

⑥ 연어 머리와 국물을 뚝배기에 옮겨 담고 야자 과육을 넣는다.

⑦ 적당한 크기로 자른 연두부와 맛술을 넣고 30분간 끓인다.

⑧ 그릇에 ⑦을 담고 소금과 고수를 넣는다.

TIP

• 연어 머리를 구울 때 여러 번 뒤집으면 생선 살이 부서질 수 있다.

• 연어 머리에 간이 배게 하려면 미리 소금, 생강, 맛술에 15분간 재운다.

• 두부를 끓일 때 너무 자주 휘저으면 두부가 부서질 수 있다.

샐러리와 목이버섯을 넣은
새우볶음

샐러리와 목이버섯은 식이섬유 함량이 높아 다이어트와 콜레스테롤을 낮추는 데 매우 유익하다.
새우는 저칼로리 고단백 식품으로 포만감을 높여 다이어트에 도움이 된다.

재료　새우 300g, 샐러리 200g, 건조 목이버섯 80g, 간장 반 종지, 갈분 2큰술, 생강 2조각, 식용유 적당량

방법　❶ 끓는 물에 손질한 새우를 생강과 함께 넣고 3분간 익힌 후 건진다.

　　　❷ 샐러리는 어슷썰기 한다.

　　　❸ 건조 목이버섯은 물에 3시간 정도 불린다.

　　　❹ 간장에 갈분을 넣어 걸쭉하게 만든다.

　　　❺ 프라이팬에 목이버섯과 샐러리를 넣고 1분간 볶는다.

　　　❻ 다른 프라이팬에 식용유를 두른 후 새우를 넣고 표면의 색깔이 변할 때까지 볶는다.

　　　❼ 볶은 목이버섯과 샐러리를 넣어 새우와 함께 더 볶는다.

　　　❽ 불을 끄기 전에 미리 만들어둔 간장 양념을 넣어 잘 섞는다.

TIP
• 새우를 손질할 때는 꼬리에서 2~3번째 마디를 이쑤시개로 쑤시면 쉽게 내장을 제거할 수 있다.

• 새우는 따로 볶지 않고 목이버섯, 샐러리와 함께 볶아도 된다.

• 오래된 샐러리는 질겨진 줄기를 제거해야 한다.

자신의 신체 조건과 상황에 맞는 식재료를 선택하고 배합해 식재료 본연의 특수한 효능으로 몸을 관리해보자. 일상적인 식사를 통해 건강을 지키고 더 맛있는 요리를 즐길 수 있다.

오크라

'서양 고추'라고도 불리는 오크라는 아삭하고 즙이 많으며 독특한 향과 담백한 맛을 지녔다. 영양가가 높으며 볶거나 찌거나 무쳐 먹으면 좋다.

샐러리

단백질과 탄수화물, 다양한 비타민과 미량 원소가 함유되어 있다. 특히 잎을 자주 섭취하면 고혈압과 동맥경화 등을 예방하는 데 매우 효과적이다.

동과

국을 끓이거나 볶아 먹으면 폐를 튼튼하게 하고 몸의 부종을 제거한다. 채소나 고기에 모두 잘 어울리고 다이어트에 효과적이다.

목이버섯

영양이 풍부해 몸을 튼튼하게 하고 보혈과 노화 방지에 효과적이며 소화 기관이 소화하지 못하는 이물질을 용해하는 데 도움을 준다.

참마

탕에 넣고 끓여 먹으면 영양이 풍부해 몸을 튼튼하게 한다. 소화를 돕고 지사 작용을 하며 폐 기능이 약화되어 발생하는 기침에도 효과 있다.

땅콩

단백질, 지방, 당류, 비타민 및 미네랄 등을 함유하고 있다. 특히 아미노산과 불포화지방산은 뇌세포의 성장을 촉진하고 기억력을 증강하는 작용을 한다.

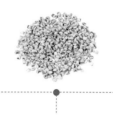

율무

율무는 성질이 차고 달콤한 맛이 난다. 율무를 섭취하면 수분 배출을 돕고 비장을 건강하게 한다. 또한 저림을 해소하고 열을 내려주며 고름을 배출하는 효과가 있다. 율무는 영양가가 매우 높아 항암 식재료로 좋으며 인체에 쉽게 흡수된다. 몸을 건강하게 할 뿐 아니라 다양한 증상을 완화한다.

고구마

고구마는 단백질, 전분, 펙틴, 섬유질, 아미노산, 비타민, 미네랄 등을 풍부하게 함유하고 있어 항암 작용을 하고 심장을 보호하며 폐기종과 당뇨병을 예방하는 장수 식품이다.

호박

잘 익은 호박은 달콤한 맛이 나기 때문에 여러 요리에 곁들이거나 활용할 수 있다. 호박은 장 운동을 도와 소화 흡수율을 높이고 변비를 치료하는 데 효과 있다. 식량 대용으로도 섭취할 수 있는 호박은 식이요법으로 가치가 높은 식품이다.

통뼈

돼지의 통뼈, 특히 대퇴부의 뼈는 내부의 구멍에 골수가 녹아 있다. 골수에는 콜라겐이 다량으로 함유되어 있어 미용에 좋을 뿐 아니라 상처가 아무는 것을 촉진하고 체질을 증강시킨다.

간

간은 영양분을 축적하고 해독하는 중요한 기관이다. 특히 돼지간은 영양 물질을 풍부하게 함유하고 있어 영양을 공급하고 건강을 보전하는 이상적인 보혈 식재료 중 하나다. 돼지간을 조리할 때는 고온에서 완전히 익혀야 살균 및 소독 효과를 볼 수 있다.

족발

돼지족발에는 앞발과 뒷발 두 종류가 있는데, 앞발은 살이 많고 뼈가 적으며 뒷발은 살이 적고 뼈가 비교적 많다. 한의학에서는 돼지족발이 병을 치료하는 '양약'이라 한다. 또한 미용에도 효과 있다.

혼자 즐기는
저칼로리 다이어트식

칼로리가 높은 패스트푸드와 살찌기 쉬운 고탄수화물 음식에 작별을 고하고 미식이 가져다주는 즐거움을 누리면서 멋진 몸매를 만들어보자. 영양의 균형을 잃지 않고도 간단하게 만들 수 있는 건강한 요리를 소개한다. 고섬유질 및 저칼로리 식재료를 선택하면 맛있는 음식을 즐기면서도 살찔 걱정에서 벗어날 수 있다.

아스파라거스를 곁들인
연어구이

연어는 불포화지방산을 풍부하게 함유하고 있어 혈중 지방과 콜레스테롤을 낮춘다. 또한 뇌 기능을 증진시키고 치매를 방지하며 시력 감퇴를 예방하는 효과가 있다.

재료 연어 100g, 아스파라거스 2개, 통후추 적당량, 굵은 소금 적당량, 레몬 1개, 소금 약간

 방법
❶ 연어를 적당한 크기로 자른다.
❷ 연어의 표면에 통후추와 굵은 소금을 갈아서 뿌린 후 10~15분간 재운다.
❸ 오븐 플레이트에 은박지를 깔고 절인 연어를 올린 후 오븐에 넣고 200도에서 10~12분간 굽는다.
❹ 아스파라거스는 적당한 길이로 자른 후 끓는 물에 소금과 함께 넣고 센 불에서 1분간 데친다.
❺ 레몬을 반으로 자르거나 얇게 저민다.
❻ 접시에 ❸, ❹, ❺를 담는다.

T I P
• 아스파라거스를 데칠 때 끓는 물에 소금과 함께 식용유를 약간 넣으면 아스파라거스의 색과 아삭아
  삭한 식감을 유지할 수 있다.
• 연어 자체에 기름이 많으므로 연어를 구울 때는 식용유를 사용하지 않는다.
• 연어를 구울 때 나오는 기름은 바비큐소스에 사용해도 좋다.

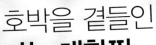

호박을 곁들인
마늘 대합찜

호박을 곁들인 마늘 대합찜은 만드는 법이 간단할 뿐 아니라 해산물과 채소 본연의 신선한 맛과
영양가를 최대한 보존한 요리다.

재료 호박 1개, 대합 150g, 마늘 50g, 고추 3개, 소금 적당량, 땅콩기름 약간

방법
❶ 깨끗이 씻은 재료를 준비한다.

❷ 호박을 얇게 썬다.

❸ 마늘과 고추를 잘게 다져 그릇에 담는다.

❹ 냄비에 땅콩기름을 넣고 끓인 후 마늘과 고추가 들어 있는 그릇에 붓는다.

❺ 이어서 소금을 넣어 입맛에 따라 간을 한다.

❻ 그릇에 호박을 깔고 대합을 올린다.

❼ 호박과 대합 위에 ❺를 골고루 바른다.

❽ 물을 넣은 냄비에 그릇을 넣고 센 불에서 8분간 찐다.

TIP
• 찌는 시간이 너무 길면 식감이 좋지 않다.

• 땅콩기름은 충분히 끓여야 마늘과 고추의 향이 살아나고 찜에 풍미를 더한다.

• 양념간장 혹은 굴소스를 찍어 먹으면 더욱 맛이 좋다.

부담 없이 즐기는
미소 된장국

미소 된장은 일본에서 가장 사랑받는 조미료로 용도가 매우 광범위하다. 요리에 맛을 더하기 때문에 국을 만들 때 좋은데, 특히 겨울철 냄비 요리의 국물을 내는 데 사용하면 매우 좋다.

방법　❶ 깨끗이 씻은 두부와 다시마, 미소 된장을 준비한다.

❷ 다시마를 잘게 자른 후 냄비에 물과 함께 넣는다.

❸ 센 불에서 다시마가 익을 때까지 끓인다.

❹ 그릇에 물 적당량과 미소 된장 1큰술을 넣는다.

❺ 미소 된장을 잘 풀어준 후 싱거우면 미소 된장을 더 넣는다.

❻ 두부를 잘게 썬 후 다시마를 끓이던 냄비에 넣는다.

❼ 냄비에 풀어놓은 미소 된장을 넣는다.

❽ 간을 보고 미소 된장을 더 넣어야 할지 확인한 후 골고루 섞는다.

TIP
• 다시마를 불릴 때 쌀뜨물을 사용하면 깨끗하게 씻을 수 있고 끓일 때도 쉽게 부드러워진다.
• 두부를 자르기 전에 소금물에 잠깐 담가두면 두부가 단단해져 잘 부서지지 않는다.
• 마지막에 파를 뿌리면 국물 맛이 더욱 좋다.

새우를 곁들인
느타리버섯찜

느타리버섯은 다양한 비타민과 미네랄을 함유하고 있어 신진대사를 개선시키고 운동신경 기능을
조절하는 작용을 한다. 또한 체력을 증강시키므로 몸이 병약한 사람에게 좋은 영양 식품이다.

재료) 새우 8마리, 느타리버섯 120g, 생강 2조각, 간장 약간

방법) ❶ 재료를 준비한다.

❷ 새우는 껍질을 벗기고 머리와 꼬리, 내장을 제거한다.

❸ 새우에 간장과 생강을 넣고 3분간 재운다.

❹ 느타리버섯을 깨끗이 씻는다.

❺ 물에 느타리버섯을 2분간 담가둔다.

❻ 느타리버섯의 자루를 잘라낸다.

❼ 물을 넣은 냄비에 새우와 느타리버섯을 담은 그릇을 넣고 센 불에서 5분간 찐 후 간장을 뿌린다.

T
I
P

· 느타리버섯은 수분이 많은데다 쉽게 수분을 흡수하므로 깨끗이 씻은 후 물기를 바짝 짜내야 찔 때 수분이 많이 나오지 않는다.

· 새우를 손질할 때는 꼬리에서 2~3번째 마디를 이쑤시개로 쑤시면 쉽게 내장을 제거할 수 있다.

· 새우가 너무 비리면 레몬즙을 몇 방울 떨어뜨린다.

마늘과 고추로 맛을 낸
다시마무침

요오드가 풍부하게 함유된 다시마는 지방을 제거하고 혈압을 낮춘다. 또한 방사성 물질을 체내에 서 깨끗이 제거하는 효과가 있다. 컴퓨터와 휴대 전화를 자주 사용하는 사람은 다시마를 많이 먹 으면 좋다.

 방법

❶ 말린 다시마를 손으로 찢은 후 물에 불린다.

❷ 마늘은 깨끗이 씻어 얇게 저민다.

❸ 파는 깨끗이 씻어 적당한 길이로 자른다.

❹ 고추는 깨끗이 씻어 잘게 다진다.

❺ 냄비에 식용유를 두르고 마늘과 고추를 볶아 풍미를 살린다.

❻ 불린 다시마를 넣고 1분간 볶는다.

❼ 설탕, 간장, 식초를 넣고 조미한다.

❽ 파를 넣어 골고루 볶은 후 그릇에 담는다.

T I P

· 말린 다시마는 조리 전에 미리 불려놓는 편이 좋지만 너무 오래 불리지 않도록 한다. 일반적으로 6시간 정도가 적당하다.

· 철분 흡수를 방해하므로 다시마를 섭취한 직후에 차나 시큼하고 떫은 과일은 먹지 않는 것이 좋다.

· 고추, 설탕 등 조미료 양은 개인의 기호에 따라 조절한다.

키위와 사과를 곁들인
새우무침

새우는 칼로리가 낮고 단백질이 풍부한 식재료다. 키위와 사과는 차게 무쳐 먹으면 비타민과 미네랄을 최대한 보존할 수 있기 때문에 시원하고 산뜻한 맛을 내는 여름의 미식으로 좋다.

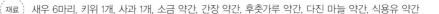

재료 새우 6마리, 키위 1개, 사과 1개, 소금 약간, 간장 약간, 후춧가루 약간, 다진 마늘 약간, 식용유 약간

방법 ❶ 재료를 준비한다.

❷ 새우는 깨끗이 씻어 껍질을 벗기고 머리와 꼬리를 제거해 삶은 후 작은 크기로 썬다.

❸ 키위는 껍질을 벗겨 작은 크기로 자른다.

❹ 사과도 껍질을 벗겨 작은 크기로 자른다.

❺ 냄비에 식용유를 두르고 다진 마늘을 볶는다.

❻ 다진 마늘에 새우와 소금, 간장, 후춧가루를 넣은 후 1분간 볶는다.

❼ 그릇에 볶은 새우를 담고 키위와 사과를 넣은 후 골고루 섞는다.

TIP
• 새우는 센 불에서 볶아도 되지만 너무 오랫동안 볶으면 신선한 맛이 사라진다.
• 키위에는 소량의 산이 들어 있어 식욕을 돋우고 산뜻한 맛을 낸다.
• 비타민은 열을 가하면 빠르게 손실되므로 조리 시간을 최대한 짧게 한다.

갓을 곁들인
대합무침

천하제일의 해산물이라 불리는 대합에는 단백질, 비타민, 미네랄 등의 영양가가 전반적으로 풍부하게 함유되어 있다. 맛이 좋을 뿐 아니라 가격도 저렴해 쉽게 시도할 수 있는 식재료다.

대합 100g, 갓 300g, 굴소스 1큰술, 갈분 1큰술, 설탕 적당량, 소금 적당량

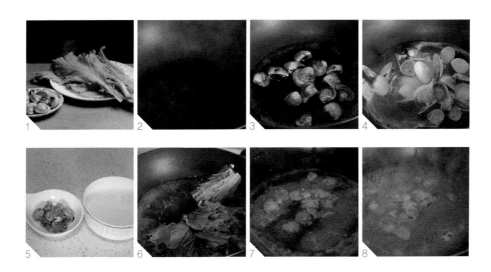

방법

❶ 물에 대합을 담가 모래를 뺀다.

❷ 냄비에 물 적당량을 넣고 끓인다.

❸ 끓는 물에 해감한 대합을 넣고 센 불에서 1분간 끓인다.

❹ 대합이 입을 벌리면 알맹이를 꺼낸다.

❺ 대합 껍데기는 버리고 알맹이와 국물 한 사발을 남겨둔다.

❻ 끓는 물에 소금을 넣고 갓을 데친 후 그릇에 담는다.

❼ 냄비에 대합 국물을 넣고 끓인 후 소금, 설탕, 굴소스를 넣어 간을 한다.

❽ 갈분을 넣어 걸쭉하게 만든 후 대합을 넣고 골고루 섞는다. 맛이 배면 불을 끄고 갓에 끼얹는다.

T I P

• 대합을 해감할 때 물에 소금 혹은 참기름을 넣으면 대합이 더 빨리 모래를 뱉어낸다.

• 대합 국물에는 간혹 진흙이나 모래가 섞여 있으므로 국물을 내는 데 주의한다.

• 대합 국물에서 해산물 맛이 나므로 굴소스가 없을 때는 진간장을 대신 넣어 색만 입혀도 된다.

아몬드를 곁들인
건강 샐러드

아몬드는 비타민 E와 항산화 물질을 함유하고 있는 건강식품이다. 아몬드를 넣은 샐러드는 만드는 법이 매우 간단할 뿐 아니라 신선하고 개운한 맛을 내므로 식사 전에 먹으면 식욕을 억제할 수 있어 다이어트 효과가 있다.

자색 양배추 100g, 상추 80g, 방울토마토 80g, 아몬드 20알, 올리브유 약간, 소금 약간

방법
1 재료를 준비한다.
2 끓는 물에 자색 양배추를 채 썰어 넣고 소금 1큰술을 넣는다.
3 소금이 물에 녹으면 30초 후 자색 양배추를 건진다.
4 데친 자색 양배추를 차가운 물에 담가놓는다.
5 방울토마토를 반으로 자른다.
6 그릇에 모든 채소를 담고 올리브유와 소금을 넣은 후 골고루 섞는다.
7 아몬드를 넣는다.

TIP
• 자색 양배추를 껍질 콩으로 대체해도 산뜻한 맛이 난다.
• 아몬드는 구운 아몬드를 선택한다.
• 자색 양배추를 씻을 때는 겉잎과 줄기를 제거하고 흐르는 물에 한 겹씩 씻는다.

견과류를 곁들인
시금치무침

땅콩은 콜레스테롤을 낮추고 노화를 방지하며 캐슈너트는 혈관을 부드럽게 한다. 시금치는 단맛이 있으며 성질이 차서 보혈과 지혈 작용을 한다. 여기에 식초를 섞으면 식욕을 돋우는 건강 요리가 완성된다.

재료) 시금치 20g, 땅콩 20g, 캐슈너트 20g, 식초 적당량, 다진 마늘 약간, 설탕 적당량, 소금 적당량, 식용유
적당량

 방법) ❶ 시금치는 깨끗이 씻어놓고 견과류를 준비한다.

❷ 냄비에 식용유를 두르고 땅콩을 넣은 후 약한 불에서 계속 저어가며 3분간 볶는다.

❸ 땅콩을 볶다가 캐슈너트를 넣는다.

❹ 땅콩과 캐슈너트를 함께 2분간 더 볶은 후 불을 끈다.

❺ 끓는 물에 시금치를 넣고 데친 후 찬물에 담가놓는다.

❻ 시금치를 10센티미터 정도의 길이로 자른 후 그릇에 담는다.

❼ 다른 그릇에 식초, 소금, 설탕, 다진 마늘을 넣고 잘 섞어 양념을 만든다.

❽ 시금치 위에 양념을 뿌리고 땅콩과 캐슈너트를 올린다.

TIP

• 캐슈너트는 타기 쉬우므로 반드시 땅콩을 먼저 볶다가 캐슈너트를 넣어 볶아야 한다.

• 땅콩은 비교적 칼로리가 높으므로 다이어트를 하는 사람은 넣지 않아도 된다.

• 끓는 물에 시금치를 데치면 시금치에 함유된 초산이 제거된다.

우유를 넣은
오이전

오이는 이뇨 작용을 하고 심장을 튼튼히 하며 미용과 혈압 조절에도 좋다. 또한 충분히 섭취하면 탈모와 손톱 갈라짐을 예방할 수 있으며 기억력을 증강시키는 작용을 한다.

재료 · 오이 1개, 밀가루 150g, 달걀 1개, 우유 적당량, 설탕 적당량, 식용유 적당량

 방법

① 오이는 깨끗이 씻어 적당한 크기로 자른다.

② 믹서에 오이를 넣고 간다.

③ 그릇에 밀가루를 담는다.

④ 밀가루에 달걀 1개를 넣는다.

⑤ 밀가루와 달걀을 골고루 섞는다.

⑥ 우유와 설탕을 넣는다.

⑦ 믹서로 간 오이를 넣고 섞는다.

⑧ 프라이팬에 식용유를 두르고 반죽을 올린 후 약한 불에서 노릇노릇해질 때까지 부친다.

T I P

· 믹서에 오이를 갈 때 물을 약간 넣으면 쉽게 갈려 건더기를 걸러내지 않아도 된다.

· 밀가루와 달걀을 섞을 때 너무 뻑뻑할 경우 따뜻한 물을 조금 넣으면 부드러우면서도 탄력 있는 반죽이 된다.

· 센 불에서 프라이팬을 달군 후 반죽을 올릴 때는 약한 불로 줄여야 눌어붙는 것을 방지할 수 있다.

유부를 곁들인
표고버섯볶음

표고버섯은 영양가가 높고 육류나 어류와 함께 조리할 수 있는 식재료다. 표고버섯을 볶거나 구우면 그 자체로 맛있는 요리가 되고, 끓이거나 푹 삶으면 맛깔스러운 국물을 우릴 수 있다.

표고버섯 100g, 유부 100g, 부추 50g, 소금 약간, 식용유 적당량

방법 ① 유부와 부추는 깨끗이 씻고 표고버섯은 물에 1시간 동안 불려 준비한다.

② 유부는 길쭉하게 자르고 부추는 적당한 길이로 자른다.

③ 불린 표고버섯을 깨끗이 씻어 채 썬다.

④ 냄비에 채 썬 표고버섯을 넣는다.

⑤ 약한 불에서 표고버섯을 볶아 수분을 제거한다.

⑥ 식용유를 두르고 표고버섯을 30초간 더 볶는다.

⑦ 유부를 넣고 센 불에서 30초간 볶는다.

⑧ 부추를 넣고 빠르게 볶으면서 소금으로 간을 한다.

T I P
• 부추는 너무 오랫동안 가열하면 향과 식감이 크게 떨어지므로 빠르게 볶아야 한다.
• 유부는 냄비에 쉽게 들러붙으므로 유부를 볶을 때 식용유를 두른다.
• 표고버섯을 물에 불릴 때 손을 넣어 한 방향으로 저어주거나 표고버섯의 꼭지 부분이 바닥을 향하게 해 물속에서 털어주면 그릇 밑으로 흙이 가라앉는다.

친환경, 저칼로리, 고섬유질이라는 삼박자를 갖춘 건강한 식재료는 다이어트 중인 사람들에게 크게 환영받는다. 체내의 정상적인 순환을 유지시키는 작용을 하고 다이어트 효과가 있으므로 이상적인 식재료라 할 수 있다.

새우

단백질이 풍부하고 지방은 적어 담백하고 산뜻한 맛이 난다. 맛이 좋을 뿐 아니라 소화하기 쉬우므로 어린이나 노인에게 적합한 저칼로리 식재료다.

연어

육질이 촘촘하고 탄력 있으며 부드러워 날로 먹어도 좋고 조리해 먹어도 좋다. 연어에 함유된 지방산은 체내 지방을 연소시켜 체중 조절에 도움이 된다.

생선 살

잉어, 산천어, 붕어, 쏘가리 등의 일반적인 식용 담수어는 육질이 부드럽고 영양이 풍부하며 지방 함량이 낮고 고단백질이기 때문에 소화 흡수가 쉽다.

대합

육질이 신선하고 고단백질이며 미량 원소, 철분, 칼슘이 풍부한 반면 지방은 적다. 또한 타우린을 함유하고 있어 종양의 성장을 억제하는 효과도 있다.

다시마

단백질을 일정량 함유하고 있으며 알긴과 요오드, 미네랄이 풍부하다. 영양가가 높고 열량이 낮으며 납을 배출시키고 해독과 항산화 작용도 한다.

두부

콩으로 만든 식품 중에서도 쉽게 구할 수 있어 채식 요리에 주요 식재료로 쓰이며, 단백질이 비교적 많이 함유되어 있어 '식물성 고기'라 불린다.

토마토

영양이 풍부하고 특유의 풍미를 지닌 토마토는 다이어트에 도움이 되는 식품이다. 또한 피로를 회복시키고 식욕을 증진시키며 단백질의 소화와 체증에도 효과 있다.

호박

호박은 해열과 이뇨 작용을 하고 갈증을 해소하며 폐 기능을 개선시켜 기침을 멈추게 한다. 또한 종양과 뭉침을 풀어주는 효과가 있다. 자주 먹으면 다이어트에 도움이 된다.

여주

여주는 더위를 해소하고 붓기를 제거하며 해독 작용을 한다. 여주에서 추출한 물질은 혈당과 혈중 지방을 낮추며 항염과 항산화 작용을 한다. 또한 혈액 순환을 촉진하고 동맥경화를 예방한다. 칼로리가 낮으므로 다이어트를 하는 사람에게 매우 적합한 식재료다.

오이

오이에는 단백질, 당류, 비타민 등 영양 성분이 풍부하게 함유되어 있다. 몸속의 수분 균형을 잡아주며 피부의 주름을 수렴하고 제거하는 데 효과적이다. 다이어트를 할 때 오이를 섭취하면 비타민과 영양 성분을 보충할 수 있을 뿐 아니라 미용 효과도 볼 수 있다.

시금치

흔히 볼 수 있는 채소 중 하나인 시금치는 '영양의 모범생'이라 불린다. 시금치에는 우리 몸에 필요한 영양소가 다양하게 함유되어 있는데, 특히 철분 함량이 높아 빈혈의 보조적인 치료 작용을 한다. 또한 섬유질도 많으므로 다이어트 식단에 빼놓을 수 없는 채소 중 하나다.

아보카도

영양가가 매우 높은 과일 중 하나인 아보카도에는 비타민, 단백질, 불포화지방산이 풍부하게 함유되어 있다. 다이어트에 좋은 식재료로 부드러운 향이 나며 '숲속의 버터'라 불린다.